21世纪高等学校规划教材｜计算机科学与技术

汇编语言
程序设计教程

陆　遥　编著

清华大学出版社

北京

内 容 简 介

本书讲授 Intel 8086 微处理器的指令系统，并以 Microsoft 的 MASM 5.0 版本宏汇编语言为基础，讲授汇编语言程序设计的基本方法和常用技术。

全书共分 5 章。第 1 章讲授学习汇编语言程序设计所需具备的基础知识，包括指令的概念、数据的表示、数据的存储和处理等；第 2 章讲授 8086 宏汇编语言的源程序组成，包括汇编语言的语言成分，常量、变量、标号等的定义，源程序的结构及定义等；第 3 章讲授 8086 的指令系统，包括寻址方式和各类操作指令等；第 4 章讲授 8086 汇编语言程序设计的基本方法，包括顺序程序、分支程序、循环程序、子程序、宏指令等；第 5 章介绍 8086 的中断技术，包括中断的相关概念，中断服务程序设计方法等。

本书可作为高等院校计算机及相关专业的汇编语言课程教材，也可作为从事计算机工作的专业人员的参考书。

图书在版编目（CIP）数据

汇编语言程序设计教程 / 陆遥编著. —北京：清华大学出版社，2018（2024.9重印）

（21 世纪高等学校规划教材·计算机科学与技术）

ISBN 978-7-302-49860-5

Ⅰ. ①汇…　Ⅱ. ①陆…　Ⅲ. ①汇编语言-程序设计-高等学校-教材　Ⅳ. ①TP313

中国版本图书馆 CIP 数据核字（2018）第 051386 号

责任编辑：郑寅堃
封面设计：傅瑞学
责任校对：李建庄
责任印制：曹婉颖

出版发行：清华大学出版社
　　　　网　　　址：https://www.tup.com.cn，https://www.wqxuetang.com
　　　　地　　　址：北京清华大学学研大厦 A 座　　　　邮　　编：100084
　　　　社 总 机：010-83470000　　　　邮　　购：010-62786544
　　　　投稿与读者服务：010-62776969，c-service@tup.tsinghua.edu.cn
　　　　质 量 反 馈：010-62772015，zhiliang@tup.tsinghua.edu.cn
　　　　课 件 下 载：https://www.tup.com.cn，010-62795954
印 装 者：天津鑫丰华印务有限公司
经　　销：全国新华书店
开　　本：185mm×260mm　　　印　张：11.25　　　字　数：275 千字
版　　次：2018 年 9 月第 1 版　　　　　　　　印　次：2024 年 9 月第 11 次印刷
印　　数：9401～10400
定　　价：35.00 元

产品编号：078505-01

出版说明

　　随着我国改革开放的进一步深化，高等教育也得到了快速发展，各地高校紧密结合地方经济建设发展需要，科学运用市场调节机制，加大了使用信息科学等现代科学技术提升、改造传统学科专业的投入力度，通过教育改革合理调整和配置了教育资源，优化了传统学科专业，积极为地方经济建设输送人才，为我国经济社会的快速、健康和可持续发展以及高等教育自身的改革发展做出了巨大贡献。但是，高等教育质量还需要进一步提高以适应经济社会发展的需要，不少高校的专业设置和结构不尽合理，教师队伍整体素质亟待提高，人才培养模式、教学内容和方法需要进一步转变，学生的实践能力和创新精神亟待加强。

　　教育部一直十分重视高等教育质量工作。2007 年 1 月，教育部下发了《关于实施高等学校本科教学质量与教学改革工程的意见》，计划实施"高等学校本科教学质量与教学改革工程（简称'质量工程'）"，通过专业结构调整、课程教材建设、实践教学改革、教学团队建设等多项内容，进一步深化高等学校教学改革，提高人才培养的能力和水平，更好地满足经济社会发展对高素质人才的需要。在贯彻和落实教育部"质量工程"的过程中，各地高校发挥师资力量强、办学经验丰富、教学资源充裕等优势，对其特色专业及特色课程（群）加以规划、整理和总结，更新教学内容、改革课程体系，建设了一大批内容新、体系新、方法新、手段新的特色课程。在此基础上，经教育部相关教学指导委员会专家的指导和建议，清华大学出版社在多个领域精选各高校的特色课程，分别规划出版系列教材，以配合"质量工程"的实施，满足各高校教学质量和教学改革的需要。

　　为了深入贯彻落实教育部《关于加强高等学校本科教学工作，提高教学质量的若干意见》精神，紧密配合教育部已经启动的"高等学校教学质量与教学改革工程精品课程建设工作"，在有关专家、教授的倡议和有关部门的大力支持下，我们组织并成立了"清华大学出版社教材编审委员会"（以下简称"编委会"），旨在配合教育部制定精品课程教材的出版规划，讨论并实施精品课程教材的编写与出版工作。"编委会"成员皆来自全国各类高等学校教学与科研第一线的骨干教师，其中许多教师为各校相关院、系主管教学的院长或系主任。

　　按照教育部的要求，"编委会"一致认为，精品课程的建设工作从开始就要坚持高标准、严要求，处于一个比较高的起点上；精品课程教材应该能够反映各高校教学改革与课程建设的需要，要有特色风格、有创新性（新体系、新内容、新手段、新思路，教材的内容体系有较高的科学创新、技术创新和理念创新的含量）、先进性（对原有的学科体系有实质性的改革和发展，顺应并符合 21 世纪教学发展的规律，代表并引领课程发展的趋势和方向）、示范性（教材所体现的课程体系具有较广泛的辐射性和示范性）和一定的前瞻性。教材由个人申报或各校推荐（通过所在高校的"编委会"成员推荐），经"编委会"认真评审，最后由清华大学出版社审定出版。

目前，针对计算机类和电子信息类相关专业成立了两个"编委会"，即"清华大学出版社计算机教材编审委员会"和"清华大学出版社电子信息教材编审委员会"。推出的特色精品教材包括：

（1）21世纪高等学校规划教材·计算机应用——高等学校各类专业，特别是非计算机专业的计算机应用类教材。

（2）21世纪高等学校规划教材·计算机科学与技术——高等学校计算机相关专业的教材。

（3）21世纪高等学校规划教材·电子信息——高等学校电子信息相关专业的教材。

（4）21世纪高等学校规划教材·软件工程——高等学校软件工程相关专业的教材。

（5）21世纪高等学校规划教材·信息管理与信息系统。

（6）21世纪高等学校规划教材·财经管理与应用。

（7）21世纪高等学校规划教材·电子商务。

（8）21世纪高等学校规划教材·物联网。

清华大学出版社经过三十多年的努力，在教材尤其是计算机和电子信息类专业教材出版方面树立了权威品牌，为我国的高等教育事业做出了重要贡献。清华版教材形成了技术准确、内容严谨的独特风格，这种风格将延续并反映在特色精品教材的建设中。

清华大学出版社教材编审委员会
联系人：魏江江
E-mail:weijj@tup.tsinghua.edu.cn

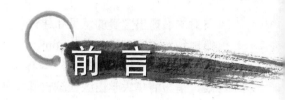

前 言

　　汇编语言是一种低级语言，其程序设计需要涉及计算机的数据表示、寄存器的使用方式、存储器的访问方式、输入/输出的实现方式等与计算机硬件相关的知识和技术。汇编语言也是一种典型的面向过程的程序设计语言，编程者必须全面细致地把握和控制问题处理的全过程，才能设计出好的程序。

　　汇编语言程序设计是计算机专业的一门重要的专业课程。就课程地位而言，它处于硬件课程和软件课程的结合部，与硬件和软件都有着密切的关系。汇编语言是学生了解计算机硬件及其工作原理的入口，是计算机组成原理、微机接口技术、单片机应用技术、嵌入式系统等涉及硬件原理与应用技术课程的基础；同时，汇编语言程序设计能很好地培养和锻炼学生的程序设计能力，从而夯实学生的软件设计基础。

　　笔者在多年的汇编语言程序设计课程教学中，接触过不少相关的教材，但始终难觅真正适合当前教学要求的好教材。一些知名教材，也存在工具书化和手册化严重的情况，其他同类教材也基本趋同。

　　鉴于此，笔者尝试以自己多年的教学积累和在汇编语言应用实践方面（如图像处理、病毒查杀、硬件控制等）的实际经验为基础，以同类型优秀教材和文献资料为参考，编写一本满足当前汇编语言教学实际需要的教材。本书的主要特点有：

　　（1）应用性突出。计算机语言是用来编写程序解决问题的。本书用丰富的实例和详细的解释，突出汇编语言的编程应用技术，其中有很多实例提供了汇编语言编程应用中颇具实用价值的解决方案。

　　（2）内容取舍有度。本书的编写充分结合当前汇编语言教学的实际需要，不求全，不追求工具书化和手册化，一切从实用出发，从满足教学需要出发，对内容进行了精选和提炼，使全书的内容更加精练，重点更加突出，应用于教学更加顺畅。

　　（3）讲解详细到位，可读性好。本书杜绝简单的内容罗列，对所讲的内容必详细阐述，必要时辅以实例。本书力争用通俗易懂的文字来描述各种专业性的概念和问题，以便读者更好地理解书中的内容。

　　（4）习题设计突出应用性。本书在习题设计上摒弃大量的概念、语法类习题，而是以提高编程应用能力为目的，由浅入深，由易到难，设计了各种应用型习题。

　　此外，本书在内容组织上，将汇编语言的源程序组成置于指令系统之前。这是有别于其他教材的创新点。这样的安排可以使读者尽早建立起汇编语言源程序的整体结构概念，有利于尽早开展应用编程和上机实践。这也是本书突出应用性的体现。

　　程序设计课程十分强调上机编程实践。本书在附录中，详细介绍了汇编语言的上机环境和主要工具软件的使用方法，以期有效地指导读者上机。

　　笔者期待自己在本书中所做的尝试和努力能够得到读者朋友们的认可，也恳请读者朋友对本书提出宝贵的意见和建议，共同为这门课程教学质量的提高而努力。笔者的电子邮箱地址：1305413741@qq.com。

为方便本课程的教学，本书为授课教师准备了课程电子教案和习题参考解答，如有需要，请与清华大学出版社编辑郑寅堃（ZhengYK@tup.tsinghua.edu.cn）联系。

陆　遥

2018 年 6 月于桂林

目 录

第 1 章

基础知识

 ## 1.1 汇编语言的特点

1.1.1 汇编语言与机器语言的关系

计算机的程序设计语言（简称计算机语言）是人们用来给计算机描述操作任务的工具。

由于计算机是一种数字逻辑设备，它只能识别用二进制代码表示的信息，所以，最初的计算机语言是直接用二进制代码来表述的，这就是机器语言。机器语言的基本要素是机器指令（简称指令），每条指令用于给计算机下达一个简单操作任务，一个复杂的解题任务需要按一定的顺序执行多条指令才能完成。这种按一定顺序排列起来的指令序列就是程序。

机器语言的优点是程序执行速度快、占用存储空间小，缺点是语言难以掌握，程序调试和排错困难，需要对计算机的硬件系统有较多的了解。

为了便于掌握和使用，人们将机器语言符号化，产生了汇编语言。汇编语言使用一些容易掌握和使用的符号来表示每条指令，使编程和调试更加方便。

例如，在 8086 系统中，以下机器指令代码

0000000111011000

所描述的操作为：将 0 号 16 位寄存器中的数据与 3 号 16 位寄存器中的数据相加，其和存入 0 号 16 位寄存器。这串二进制代码中，各部分所代表的含义如表 1.1 所示。

表 1.1 机器指令代码分析

00000001	11	011	000
描述操作性质，即将两个 16 位寄存器中的数据相加	表示两个数据均取自寄存器	描述 3 号寄存器	描述 0 号寄存器

显然，要熟练掌握和使用这种机器指令代码是很困难的。而汇编语言则把一条机器指令的操作性质和操作对象分别用符号表示。如在 8086 系统的汇编语言中，上述指令被符号化为：

ADD AX , BX

其中，ADD 代表相加操作，AX 代表 0 号 16 位寄存器，BX 代表 3 号 16 位寄存器。汇编

语言指令中所使用的这些符号称为助记符，这种符号化的汇编语言指令显然更容易掌握和使用。

由于计算机不能直接理解汇编语言的符号系统，所以，需要一个转换工具来将用汇编语言编写的程序转换成机器语言程序，这个转换工具叫作汇编程序。

1.1.2　汇编语言与高级语言的主要差异

计算机的程序设计语言分为低级语言和高级语言两大类，其中，机器语言和汇编语言属于低级语言，其余均为高级语言。语言的"高级"与"低级"之分，并不是指语言之间的优劣，而是指语言的使用是否直接涉及计算机的硬件。高级语言在使用过程中，不用（或基本上不用）直接与计算机的硬件打交道，而使用低级语言则时刻需要直接操作计算机的硬件。

例如，用汇编语言编程时，必须准确指出数据存放的地方——某个寄存器、某个存储单元或某个 I/O 端口，必须直接控制相关的设备完成数据的输入/输出。而用高级语言编程时，则无须关心一个数据究竟是存放在寄存器中，还是存放在内存中，而当需要输入或输出数据时，只要写出一条输入或输出语句即可，不用直接去控制相关的输入/输出设备。

相对于汇编语言，高级语言更便于描述复杂的程序控制结构及处理功能，更接近人们的语言习惯，并且基本上不直接涉及计算机硬件概念，所以更容易掌握和使用。但用任何一种高级语言编写的程序，都必须转换成机器语言程序才能被计算机执行。完成这种转换任务的工具叫作编译程序，每种高级语言都要配备自己的编译程序。

直接用汇编语言编程虽然困难一些，但编出的程序时、空效率高（即运行速度快，占用存储空间少）；而用高级语言编写的程序由编译程序转换为机器代码后，并不是最优化的执行代码，其时、空效率要低得多。此外，在需要直接控制计算机硬件的应用场合，汇编语言比高级语言更灵活、方便，甚至是非用汇编语言不可的。

因此，汇编语言与高级语言各有其应用场合，学习和掌握汇编语言程序设计方法，是提高计算机应用能力的重要基础。

值得指出的是，低级语言是与计算机硬件系统的功能设计、组成结构密切相关的，因此，不同系列的计算机，其低级语言是不兼容的。尽管如此，其汇编语言的基本特点及程序设计的基本方法是相通的。

1.2　计算机中的数据表示

由于汇编语言要涉及数据存储和处理的细节，所以只有掌握了计算机中的数据表示，才能正确、有效地进行数据处理。

在计算机内部，任何类型的数据均以二进制数字序列编码表示。但是，直接用二进制表示数据位数多，较为烦琐，因此，无论是在书面上，还是在用汇编语言编程时，均允许使用其他进制的数据表示方法。几种常用数制的规定标志是：B 代表二进制，D 代表十进制，O 代表八进制，H 代表十六进制。使用时将这些标志字母附在所表示的数据后面即可，如 10001001B，105D，36D4H 等。

1.2.1　字符数据表示

字符在计算机中的二进制编码称为字符代码。目前，计算机中普遍使用的字符代码是 ASCII 码（美国信息交换标准代码）。ASCII 字符集共包含 256 个字符，分成两个子集——基本字符集和扩展字符集，各包含 128 个字符。ASCII 码实际上就是这 256 个字符的编号，用 8 位二进制编码表示，范围是 00000000～11111111。

在 ASCII 字符集中，基本字符集包含了人们日常书面表达中所用的各种字符（也称可打印字符），如大小写英文字母、数字字符 0~9、基本运算符和标点符号、空格等，此外，还包含一些计算机内部用于控制的特殊字符，如回车、换行、删除、换码等。基本字符集是各类应用中主要使用的字符集，由 ASCII 字符集的前 128 个字符组成，编码范围是 00000000～01111111，如表 1.2 所示。

表 1.2　ASCII 基本字符集编码表

$b_7 b_6 b_5 b_4$ / $b_3 b_2 b_1 b_0$				0000	0001	0010	0011	0100	0101	0110	0111
0	0	0	0	NUL	DLE	SP	0	@	P	`	p
0	0	0	1	SOH	DC$_1$	!	1	A	Q	a	q
0	0	1	0	STX	DC$_2$	"	2	B	R	b	r
0	0	1	1	ETX	DC$_3$	#	3	C	S	c	s
0	1	0	0	EOT	DC$_4$	$	4	D	T	d	t
0	1	0	1	ENQ	NAK	%	5	E	U	e	u
0	1	1	0	ACK	SYN	&	6	F	V	f	v
0	1	1	1	BEL	ETB	'	7	G	W	g	w
1	0	0	0	BS	CAN	(	8	H	X	h	x
1	0	0	1	HT	EM	)	9	I	Y	i	y
1	0	1	0	LF	SUB	*	:	J	Z	j	z
1	0	1	1	VT	ESC	+	;	K	[	k	{
1	1	0	0	FF	FS	,	<	L	\	l	|
1	1	0	1	CR	GS	−	=	M	]	m	}
1	1	1	0	SO	RS	.	>	N	^	n	~
1	1	1	1	SI	US	/	?	O	_	o	DEL

扩展字符集由 ASCII 字符集的后 128 个字符组成，包含一些图形符号和制表符等，编码范围是 10000000～11111111，一般较少使用。

熟悉表 1.2 中常用字符的 ASCII 码分布，对字符数据的处理是十分有利的。例如，从表中可知，数字字符 0～9 的 ASCII 码用十六进制表示为 30H～39H，与对应的数字之间相差 30H，这给我们在数字字符（简称"数字符"）与对应的数字之间的转换提供了依据；又如，大、小写英文字母的 ASCII 码范围分别是 41H～5AH 和 61H～7AH，即对应的大、小写字母的 ASCII 码之间相差 20H，这使我们知道如何进行大、小写字母之间的转换。

需要注意的是，由于通常所用的字符都是基本字符集中的字符，所以，很多书中所说的 ASCII 码只针对基本字符集，而这部分 ASCII 码的最高位均为 0，因此称 ASCII 码为 7

位编码（最高位上的 0 被忽略）。

一个字符的 ASCII 码在存储器中存放时，需要占用存储器的一个字节（8 位）。

1.2.2　数值数据表示

数值数据是计算机中用于各种算术运算的数据。数值数据在计算机中的表示方法有 BCD 码表示法、定点数表示法和浮点数表示法三种。

1. BCD 码

BCD（Binary Coded Decimal）码采用 4 位二进制编码表示 1 位十进制数，分有权码与无权码两类。计算机中实际使用的是一种有权 BCD 码——8421 码，其 4 位二进制编码的权值由高位到低位分别是 8、4、2、1，故名之。表 1.3 所列为十进制数 0～9 的 8421 码。

表 1.3　8421 码

十 进 制 数	8421 码	十 进 制 数	8421 码
0	0000	5	0101
1	0001	6	0110
2	0010	7	0111
3	0011	8	1000
4	0100	9	1001

8421 码可用于算术运算，其运算结果也用 8421 码表示，但是，只有在运算结果为正数时才是可接受的，且运算结果往往需要调整（或修正）后，才能形成正确的结果。下面以 8421 码加法运算为例进行说明。

【例 1.1】 用 8421 码计算 3+6。

解：

$$
\begin{array}{r}
0\,0\,1\,1 \cdots\cdots\text{3 的 8421 码}\\
+\quad 0\,1\,1\,0 \cdots\cdots\text{6 的 8421 码}\\
\hline
1\,0\,0\,1 \cdots\cdots\text{9 的 8421 码}
\end{array}
$$

显然，本例的运算结果是正常的。

【例 1.2】 用 8421 码计算 5+7。

解：

$$
\begin{array}{r}
0\,1\,0\,1 \cdots\cdots\text{5 的 8421 码}\\
+\quad 0\,1\,1\,1 \cdots\cdots\text{7 的 8421 码}\\
\hline
1\,1\,0\,0 \cdots\cdots\text{不在正常的 8421 码范围内}\\
+\quad 0\,1\,1\,0 \cdots\cdots\text{对运算结果加 6 调整}\\
\hline
1\quad 0\,0\,1\,0 \cdots\cdots\text{十进制数 12 的 8421 码}
\end{array}
$$

本例对运算结果进行加 6 调整后，得到正确的运算结果 12。需要加 6 调整的原因是：就十进制而言，5 加 7 应该形成进位，但 8421 码是用 4 位二进制数表示的，需要满十六最高位上才会产生进位，因此需要加 6 促使进位产生。归纳起来，只要运算结果在 1010～1111 范围内，均需要加 6 调整。

【例 1.3】　用 8421 码计算 8+9。

解：

$$
\begin{array}{r}
1\,0\,0\,0 \quad\cdots\cdots\ 8\ 的\ 8421\ 码 \\
+\qquad 1\,0\,0\,1 \quad\cdots\cdots\ 9\ 的\ 8421\ 码 \\
\hline
1\quad 0\,0\,0\,1 \quad\cdots\cdots\ 运算结果对应于十进制数\ 11，是错误的 \\
+\qquad\ 0\,1\,1\,0 \quad\cdots\cdots\ 对运算结果加\ 6\ 调整 \\
\hline
1\quad 0\,1\,1\,1 \quad\cdots\cdots\ 十进制数\ 17\ 的\ 8421\ 码，结果正确
\end{array}
$$

本例的运算结果虽然产生了进位，但是在满十六的情况下进位的，而十进制只需满十即应进位，因此需要在低位上加 6 调整，才能符合十进制的进位规则。

如果用 8421 码进行多位十进制数的加法运算，则需从低位开始依次对每位数进行调整，才能得到正确的运算结果。

8421 码虽可用于十进制数的运算，但由于其数据表示效率低（4 位二进制数只能表示 1 位十进制数），且运算效率也很低（需要对结果进行调整），所以在实际应用中很少使用。

2．定点数

计算机中主要的数值数据表示方法有定点数表示法和浮点数表示法两种；定点数表示法也是浮点数表示法的基础。

所谓定点数表示，是指小数点被固定在数据中某个特定位置上的数据表示方法。实际应用中，通常把小数点固定在数据最低有效位的右边，或最高有效位的左边。如果选择前者，则所有定点数均为整数，称为定点整数；如果选择后者，则所有定点数均为纯小数，称为定点小数，如下所示：

$$
定点整数：x_s x_{n-1} x_{n-2} \cdots x_1 x_0
$$
$$
定点小数：x_s . x_{n-1} x_{n-2} \cdots x_1 x_0
$$

其中，x_s 是数的符号位（后面会专门讨论）。

定点数中，小数点的位置可以看作是默认的。因此，在计算机中表示定点数时，小数点不用表示出来，这给数据的表示带来很大的方便。目前，多数通用计算机在选择定点数格式时，都选择定点整数格式，这类计算机称为定点整数机。本书只讨论定点整数。

符号的表示是定点数表示必须要解决的问题。带符号的定点数有原码、补码和反码等几种编码表示方法。

1）原码表示法

原码是最直观的机器数表示法，它以 0 表示正号，以 1 表示负号，直接置于数的最左端（即最高位位置）；而数的数字部分与其绝对值一致。

【例 1.4】　① 若 $x = +1011100$，则 $[x]_原 - 01011100$；

② 若 $x = -0010011$，则 $[x]_原 = 10010011$。

其中，x 是数的真值，$[x]_原$ 是数的原码表示，其最高位为符号位。

n 位原码（包括符号位）的数据表示范围是

$$
-(2^{n-1}-1) \leqslant x \leqslant 2^{n-1}-1
$$

例如，$n = 8$ 时，8 位原码的数据表示 $-127 \sim 127$；$n = 16$ 时，16 位原码的数据表示 $-32767 \sim 32767$。

由于原码的数字部分与其绝对值一致，所以原码比较适合乘、除运算；运算时，将两

数的数字部分直接相乘或相除，而乘积或商的符号可由两个运算数据的符号经逻辑"异或"得到。但是，原码不适合做加减运算。

2）反码表示法

一个数的反码可通过其原码求得，方法是：正数的反码与其原码一致；负数的反码与其原码符号位相同，数字位按位取反。

【例 1.5】　① 若 $x = +1011100$，则 $[x]_反 = [x]_原 = 01011100$；

② 若 $x = -0010011$，则 $[x]_原 = 10010011$，$[x]_反 = 11101100$。

反码一般不用于计算，但可用来作为原码转换为补码时的中间代码。

3）补码表示法

设 $|x| < 2^n$，则 x 的补码被定义为

$$[x]_补 = 2^n + x \quad (\text{mod } 2^n)$$

其中，n 为所形成的补码的位数（包括符号位）；mod 表示"模"运算，即"相除取余数"运算，2^n 被称为"模数"，mod 2^n 表示"除以 2^n 取余数"。所形成的 n 位补码中，最高位为符号位，数字部分为 $n-1$ 位，x 的实际取值范围是

$$-2^{n-1} \leqslant x \leqslant 2^{n-1} - 1$$

例如，$n = 8$ 时，8 位补码的数据表示范围是 $-128 \sim 127$；$n = 16$ 时，16 位补码的数据表示范围是 $-32768 \sim 32767$。

【例 1.6】　设 $x = +1001011$，求其 8 位补码 $[x]_补$。

解：
$$\begin{aligned}[x]_补 &= 2^8 + x &&(\text{mod } 2^8)\\ &= 2^8 + (+1001011) &&(\text{mod } 2^8)\\ &= 01001011 &&(\text{mod } 2^8)\end{aligned}$$

其中，最高位上的 **0** 被看作符号位。由本例可知：一个正数的补码与其原码是一致的。

【例 1.7】　设 $x = -1001011$，求其 8 位补码 $[x]_补$。

解：
$$\begin{aligned}[x]_补 &= 2^8 + x &&(\text{mod } 2^8)\\ &= 2^8 + (-1001011) &&(\text{mod } 2^8)\\ &= 10110101 &&(\text{mod } 2^8)\end{aligned}$$

其中，最高位上的 **1** 被看作符号位。由本例可知：一个负数的补码，其符号位为 1。显然，负数的补码与其原码是不同的。

由以上两例可知：与原码和反码不同，补码的符号位（正为 0，负为 1）不是人为规定的，而是在求补码的运算中求出的，实际上就是运算结果的最高有效数字位。因此，在用补码进行加减运算时，符号位可以像数字位一样参加运算，不用单独处理。这给计算机的加减运算带来很大方便。事实上，计算机都是采用补码来做加减运算的。

除了可用上述补码计算公式求取补码外，还有一种形式上的转换方法，可以在原码和补码之间直接转换，即：正数的补码与其原码相同；对负数，保持其原码（或补码）的符号位不变，数字位按位取反，最后加上 1，即可得到对应的补码（或原码）。

【例 1.8】　设 $x = -1001011$，求其 8 位补码 $[x]_补$。

解：　　　　x 为负数，先求其原码 $[x]_原 = 11001011$

符号位不变，数字位按位取反　　　　　　　　↓

$$[x]_反 = 10110100$$

加 1   ↓

得到 x 的补码 $[x]_补 = 10110101$

需要注意的是，由于同样长度的补码和原码的数据表示范围不完全相同（补码在负数方向的表示范围略大），所以上述转换方法只适用于两者数据范围重叠的部分，即补码可表示的绝对值最大的负数没有对应的原码。

补码在乘、除运算方面比原码略为复杂，但也有很好的技术实现补码的乘、除运算。

综上所述，补码最适合计算机中的数值计算，计算机中的带符号定点数实际采用的都是补码表示法。

下面简要说明补码加减运算及其相关问题。

n 位补码加、减运算规则如下：

$$[x]_补 + [y]_补 = [x+y]_补 \qquad (\bmod\ 2^n) \qquad (1.1)$$

$$[x]_补 - [y]_补 = [x]_补 + [-y]_补 = [x-y]_补 \qquad (\bmod\ 2^n) \qquad (1.2)$$

可见，两数补码之和、差，等于两数和、差之补码，这说明补码可以直接加、减。此外，式（1.2）表明，补码减法运算可以转换为补码加法运算。事实上，计算机的运算器就是自动把减法转换为加法来运算的。

【例 1.9】 设 $x = +1010110$，$y = -1001001$，按 8 位补码求 $[x+y]_补$。

解：首先求出 x 和 y 的补码

$[x]_补 = 01010110$ $[y]_补 = 10110111$

按式（1.1），有

0 1 0 1 0 1 1 0 $[x]_补$
+ 1 0 1 1 0 1 1 1 $[y]_补$
1 0 0 0 0 1 1 0 1 $[x+y]_补$ $(\bmod\ 2^8)$

从运算结果来看，最高位上产生了进位 1，但在 $\bmod\ 2^8$ 的作用下，该位不被保留，所以

$$[x+y]_补 = 00001101 \qquad (\bmod\ 2^8)$$

其符号位为 0，说明和为正数。

【例 1.10】 设 $x = +1010110$，$y = +1101001$，按 8 位补码求 $[x-y]_补$。

解：首先求出 x 和 y 的补码

$[x]_补 = 01010110$ $[y]_补 = 01101001$

由式（1.2）可知，要将减法转换为加法，需要求出 $[-y]_补$

$$[-y]_补 = 10010111$$

由此可得

0 1 0 1 0 1 1 0 $[x]_补$
+ 1 0 0 1 0 1 1 1 $[-y]_补$
1 1 1 0 1 1 0 1 $[x-y]_补$ $(\bmod\ 2^8)$

所以

$$[x-y]_补 = 11101101 \qquad (\bmod\ 2^8)$$

从运算结果来看，符号位为 1，说明差为负数。

【例 1.11】 设 $x = +1010110$，$y = +1001001$，按 8 位补码求 $[x+y]_补$。

解：首先求出 x 和 y 的补码

$$[x]_{补} = \textbf{0}1010110 \qquad [y]_{补} = \textbf{0}1001001$$

按式（1.1），有

$$
\begin{array}{r}
\textbf{0}\ 1\ 0\ 1\ 0\ 1\ 1\ 0 \quad [x]_{补} \\
+\ \underline{\textbf{0}\ 1\ 0\ 0\ 1\ 0\ 0\ 1} \quad [y]_{补} \\
\textbf{1}\ 0\ 0\ 1\ 1\ 1\ 1\ 1 \quad [x+y]_{补} \quad (\bmod\ 2^8)
\end{array}
$$

从运算结果来看，符号位为 1，说明为负数。但由于 x、y 均为正数，其和不可能为负数。究竟是什么原因造成这样的错误呢？

如前所述，补码是有一定的数据表示范围的；当两个数的补码相加（减），其和（差）超出特定位数的补码所能表示的数据范围时，称为"溢出"。"溢出"表现为，数的最高有效数字位占据并改变了数的符号位，从而造成数据表示的错误。例 1.11 中，和的符号位实际上已被和的最高有效数字位占据，并且改变了数的正确符号状态，所以和发生了溢出。"溢出"意味着数据表示的错误，如果无视这种错误，计算机就会产生错误的处理结果。因此，计算机的运算器会自动检测并记录运算结果的"溢出"状态，以便进行相应的处理。

人工进行补码加、减运算时，可用以下方法进行溢出检测：异号数相加（或同号数相减）不会发生溢出；同号数相加（或异号数相减）时，若和（或差）的符号与被加数（或被减数）的符号不一致，则溢出，否则未溢出。

除了有符号定点数外，计算机中还经常使用无符号定点数，简称无符号数。无符号数中只有数字位，没有符号位，所表示的数可以看作正数或绝对值。例如，8 位无符号数的表示范围是 00000000～11111111（十进制 0～255），16 位无符号数的表示范围是 0000000000000000～1111111111111111（十进制 0～65535）。字符的 ASCII 码，以及一些声音、图像等多媒体数据也可看作无符号数。因此，无符号数的应用范围是很广的。

3. 浮点数

定点数在数值计算及多媒体数据处理中有着广泛的应用，但其缺点也是很明显的：一是表示数据的精度差，如定点整数的最小误差为 ±1；二是表示数据的范围小，如 n 位定点整数的补码，其数据表示范围仅为 $-2^{n-1} \leqslant x \leqslant 2^{n-1} - 1$。因此，定点数不适合科学计算。

科学计算要求用有限的数据编码位，获得更大的数据表示范围和更高的数据表示精度，这就需要采用浮点数表示形式。

浮点数是指小数点位置未经人为约定的一般的数，其小数点可以出现在数中任意位置。这种具有不确定性的一般的数是无法直接在计算机中表示的，必须要将其按某种确定的格式规范化后，才能在计算机中表示出来。

众所周知，十进制数 -12345.678 可表示成如下形式：

$$-12345.678 = 10^5 \times (-0.12345678)$$

同理，一个浮点数 N 可以表示成

$$N = R^e \times m$$

这种表示形式突出了一个浮点数的三个构成要素：指数 e；基数 R；有效数字 m。在计算机中，只要将浮点数的这三个要素分别表示出来，整个浮点数也就表示出来了。这就是浮点数表示的基本思想。

对计算机来说，指数是一个整数，可以用定点整数表示；基数对于采用二进制的计算机来说就是 2, 它是确定的、默认的, 不用表示出来; 有效数字部分被规定为一个纯小数, 可用定点小数表示。因此, 对具体的计算机而言, 浮点数可用其指数和有效数字两部分来表示; 指数的机器数编码称为 "阶码", 有效数字的机器数编码称为 "尾数", 尾数的符号就是浮点数的符号。浮点数在计算机中的一般编码表示格式如图 1.1 所示。

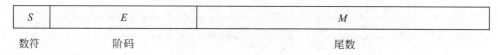

图 1.1　浮点数的一般编码表示格式

其中, 尾数 M 一般用补码或原码表示; 阶码 E 一般用移码或补码表示; 数符 S 是浮点数的符号, 也就是尾数的符号 (故 M 不含符号位)。在具体的机器中, 阶码和尾数均有规定的位数; 浮点数的表示范围取决于阶码的位数, 而浮点数的表示精度则取决于尾数的位数。

浮点数运算要比定点数运算复杂得多, 它不仅要涉及尾数部分的运算, 也要涉及阶码部分的运算, 不过这两部分运算均为定点数运算。所以, 浮点数运算过程是可以分解为一系列定点数运算来实现的。

通常, 一个计算机系统有两个指令集: 定点指令集和浮点指令集。一般所说的 CPU 是一个定点指令处理器, 负责执行定点指令, 而浮点指令需要用专门的浮点协处理器来执行。以 IBM-PC 系列微机系统为例, 80386 以前的系统中, CPU 内部只有定点运算器, 但系统中预留了浮点协处理器芯片的插座; 从 80486 开始, 浮点协处理器部分也集成到了 CPU 中。

就浮点运算而言, 也有两种实现方法, 一种是用定点指令编程来模拟实现 (即软件方法), 另一种就是用浮点协处理器执行浮点指令来实现 (即硬件方法)。软件方法成本低 (无须浮点协处理器), 但处理速度慢, 而硬件方法则相反。

本书只讨论定点数及定点指令的相关内容, 这也是目前汇编语言应用主要涉及的内容。

1.3　计算机中的数据存储

汇编语言在处理数据时, 必须准确指出数据存储的地方。计算机中可用于存储数据的装置有: CPU 内部的寄存器; 计算机的存储器; I/O 端口 (即 I/O 设备接口中的一些寄存器)。

下面介绍 8086 系统的数据存储。

1.3.1　寄存器

图 1.2 所示为 8086 CPU 中用于汇编语言程序设计的全部寄存器。根据用途不同, 这些寄存器被分为三组: 通用寄存器、专用寄存器和段寄存器。每个寄存器都有一个符号标志,

作为寄存器的助记符。编程时，若所用数据存在某个寄存器中，就用其助记符来指出。

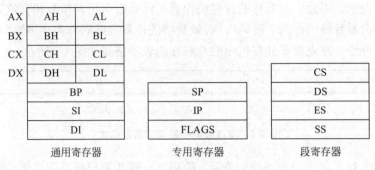

图 1.2　8086 的寄存器

1. 通用寄存器

通用寄存器用途多样，使用灵活，是编程时主要使用的寄存器。

1）AX 寄存器

AX 为 16 位寄存器，可以存放一个 16 位定点数，是使用最多的寄存器。AX 在系统中有特殊的地位，称为 16 位累加寄存器，一些指令指定用 AX 存储数据。合理使用 AX，还可以有效提高一些指令的时、空效率。

AX 还可以分解为两个 8 位寄存器 AH 和 AL。AH 和 AL 可以作为独立的 8 位寄存器使用，也可以组合成 16 位的 AX 使用（AH 为高 8 位，AL 为低 8 位）。例如，若(AX)= 458EH，则(AH)= 45H，(AL) = 8EH。

在处理 8 位数据时，AL 具有与 AX 类似的地位，称为 8 位累加寄存器。

2）BX、CX、DX 寄存器

这三个寄存器也都是 16 位寄存器，也都能分解为两个 8 位寄存器使用（如图 1.2 所示）。它们与 AX 有着相同的基本用途，但也有各自的独特用法，如 BX 中的内容可被用来生成一个存储器地址，以便据此访问存储器；CX 在一些指令中被指定作为计数器使用；DX 则在某些指令中被指定与 AX 配合，存储一个 32 位数。

3）BP 寄存器

BP 是不能分解的 16 位寄存器，可以存放一个 16 位数据，其所存内容也可用来生成一个存储器地址，并据此访问存储器。

4）SI 和 DI 寄存器

这两个寄存器也都是不能分解的 16 位寄存器，其基本用途与 BP 相似，且在某些指令中被指定使用。

2. 专用寄存器

这几个专用寄存器都有专一的用途，不可挪作他用。

1）SP 寄存器

SP 也叫堆栈指针，是一个 16 位寄存器，存放的是堆栈栈顶的地址，其内容将随着进栈和出栈操作而动态改变。

2）IP 寄存器

IP 也叫指令指针，是一个 16 位计数寄存器，用来提供下一条要执行的指令的地址。

CPU 就是根据 IP 提供的指令地址，到存储器中取出要执行的指令，并执行该指令的。一条指令被取出后，CPU 会修改 IP 中的地址，使其指向下一条指令……如此进行下去，CPU 就能把整个程序全部执行完。

在汇编语言中，不能显式使用 IP，只有控制程序执行流程的一类指令（程序控制类指令）能够隐式修改 IP 中的内容。

3）FLAGS 寄存器

FLAGS 为 16 位寄存器，是 CPU 中的状态标志寄存器。8086 系统使用该寄存器中的 9 位，记录了 9 种状态标志，如图 1.3 所示。

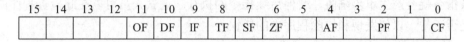

15	14	13	12	11	10	9	8	7	6	5	4	3	2	1	0
				OF	DF	IF	TF	SF	ZF		AF		PF		CF

图 1.3　8086 的 FLAGS 寄存器

这些状态标志可分为两大类：条件标志和控制标志。

条件标志记录运算所产生的一些状态，程序中可以根据这些状态决定后续的操作。也就是说，条件标志是用来决定程序后续操作的条件。FLAGS 中的条件标志有 6 个。

（1）CF 标志（进位/借位标志）：主要用于记录加、减运算时，最高位上产生的进位或借位状态。CF=0，无进位或借位；CF=1，有进位或借位。

（2）AF 标志（辅助进位/借位标志）：用于记录加、减运算时，第 3 位上产生的进位或借位状态。AF=0，无进位或借位；AF=1，有进位或借位。

（3）ZF 标志（零标志）：用于记录运算结果是否为 0。ZF=0，运算结果不为 0；ZF=1，运算结果为 0。

（4）SF 标志（符号标志）：用于记录运算结果的符号位（或最高位）状态。SF=0，符号位为 0（表示正号）；SF=1，符号位为 1（表示负号）。该标志主要用于带符号数（补码）运算。

（5）OF 标志（溢出标志）：主要用于记录带符号数（补码）加、减运算时的溢出状态。OF=0，无溢出；OF=1，有溢出。

（6）PF 标志（奇偶标志）：用于记录运算结果的低 8 位中，"1"的个数是奇数个还是偶数个。PF=0，奇数个 1；PF=1，偶数个 1。该标志用于对数据进行奇偶校验。

【例 1.12】　分析以下加法运算后，各条件标志的状态。

$$
\begin{array}{r}
0101\underline{0}110 \\
+\quad 1011\underline{0}111 \\
\hline
\boxed{1}\ 00001101
\end{array}
$$

分析：由运算结果可知，最高位上产生了进位 $\boxed{1}$，因此 CF=1（在计算机中，该进位不被纳入运算结果，而是记录在 CF 标志位上，如后续运算需要此进位，可从 CF 取得）；由式中可知，第 3 位（式中带下画线的位）未产生进位，故 AF=0；运算结果（排除最高位的进位，下同）不为 0，所以 ZF=0；运算结果中的最高位（对带符号数而言，为符号位）为 0，故 SF=0；如将式中两数视为带符号数的补码，则为异号数相加，其和不会溢出，所以 OF=0；运算结果的 8 位二进制数中，共有 3 个 1，3 为奇数，故 PF=0。

控制标志用于对 CPU 的某些工作方式进行控制，可通过专门的指令对其进行设置。FLAGS 中的控制标志有 3 个。

（1）DF 标志（方向标志）：用于在字符串操作时，控制串指针的修改方向。DF=0，增量修改；DF=1，减量修改。

（2）IF 标志（中断标志）：用于决定是否允许 CPU 响应外部的可屏蔽中断请求。IF=0，禁止响应；IF=1，允许响应。

（3）TF 标志（陷阱标志）：用于决定 CPU 是否以单步（也称单步陷阱）方式工作。TF=0，禁止单步方式；TF=1，允许单步方式。单步方式用于程序调试。在此方式下，CPU 每执行完一条指令就会产生单步陷阱，暂停后续指令的执行。调试人员可以在此检查程序的执行状况是否正常，以便发现和排除程序中的错误。

3．段寄存器

8086 系统由于硬件条件的限制，对存储器的使用采取分段模式（详见"1.3.2 存储器"）。此模式下，存储器地址分成段地址和段内偏移地址两部分表示。段寄存器就是专门用来存放段地址的寄存器。

8086 系统中，一个汇编语言程序最多可以同时操作 4 个活跃的段，所以共设有 4 个段寄存器，均为 16 位寄存器。

1）CS 寄存器

CS 是代码段寄存器，存放代码段的段地址。代码段是存储程序中指令代码的段。

2）DS 寄存器

DS 是数据段寄存器，存放数据段的段地址。数据段是存储程序中定义的各种变量的段。

3）ES 寄存器

ES 是附加段寄存器，存放附加数据段的段地址。当一个数据段的存储空间不够用时，可以定义附加数据段。

4）SS 寄存器

SS 是堆栈段寄存器，存放堆栈段的段地址。堆栈段是在程序中作为堆栈使用的存储段。

1.3.2　存储器

1．8086 系统的主存及其分段模式

计算机的存储器包括主存（也称内存）和辅存（也称外存，如硬盘存储器）。因为 CPU 只能直接访问计算机的主存，所以，CPU 所执行的程序和处理的数据都是存在主存中的，程序员编程时只需与主存打交道即可。

主存需要有较大的容量，才能使计算机高效地工作。主存容量是以存储单元的数量来计算的。现在，大多数计算机以 1 字节（8 位二进制）的大小来定义一个存储单元，即一个存储单元可以存储一个 8 位二进制数，并常用以下符号表示存储容量的量级：KB（2^{10} 字节）、MB（2^{20} 字节）、GB（2^{30} 字节）以及 TB（2^{40} 字节）。

为了准确描述数据在主存中的存储位置，计算机系统对主存的每个存储单元（字节）从 0 开始连续编号，并以此编号来确定存储单元的位置。存储单元编号也称为存储单元的地址，无论是向主存存数据（也称写数据），还是从主存取数据（也称读数据），都必须指出存储单元的地址才行。

地址是存储单元的编号，地址（编号）的位数决定了主存可以拥有的最大存储单元数。一般而言，如果计算机系统的地址位数为 n 位（二进制位），则其主存的最大容量可以达到 2^n 字节。例如，8086 系统的主存地址位数是 20 位，其主存容量最大为 2^{20} 字节=1MB；80486 系统的主存地址位数是 32 位，其主存容量最大可达 2^{32} 字节=4GB。

地址是在 CPU 对主存做读/写操作时，由 CPU 向主存发出的。所以，地址是在 CPU 中形成的。对 8086 系统，CPU 要形成 20 位的主存地址，但是，CPU 内部用于存放地址信息的寄存器均为 16 位寄存器（如前所述），无法存放一个完整的主存地址，为此，8086 系统对主存的使用采取了分段模式。

分段模式下，一个段的最大容量被限制在 64KB，即 2^{16} 字节，因此，在一个段的范围内，只需 16 位地址就可以准确指出每个存储单元，16 位的地址也可以用 16 位寄存器来存放了。但是，这个 16 位地址只是相对于一个段的内部来定义的，称为段内地址（或段内偏移地址），并不是 20 位的主存实际地址（也称主存物理地址），并不能直接用来访问主存。图 1.4 所示为段内偏移地址与主存物理地址的关系。

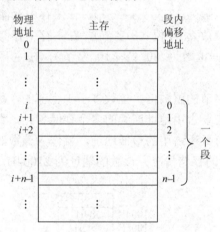

图 1.4　段内偏移地址与物理地址的关系

图 1.4 中，从物理地址 i 处开始，定义了一个段，物理地址 i 称为该段的段首地址，简称段地址。显然，段内一个存储单元的物理地址是该存储单元的段内偏移地址与该段的段地址之和。由此可见，要得到段内一个存储单元的物理地址，除了需要该存储单元的段内偏移地址，还必须有该段的段地址。也就是说，在 8086 系统的主存分段模式下，一个存储单元的地址要用段地址和段内偏移地址两部分表示，这样表示的地址也称为逻辑地址，是汇编语言程序设计时所用的地址表示形式。

由于段地址本身是一个 20 位的物理地址，而 CPU 中用来存放段地址的段寄存器均为 16 位寄存器，如何解决这个矛盾呢？为此，8086 系统规定，只有能被 16 整除的物理地址才能作为段地址；这样的物理地址其二进制表示形式有如下特征：

xxxxxxxxxxxxxxxx0000

其中，x 表示 0 或 1。由于段地址的最低 4 位必为 0，所以，CPU 中的段寄存器实际只存放了段地址的高 16 位，这就解决了段地址在 CPU 中的表示问题。而 CPU 中专设的地址加法器，会在将逻辑地址转换成物理地址时，自动在 16 位段地址低位部分添加 4 个 0，然后再与段内偏移地址相加。

【例 1.13】 8086 系统中，逻辑地址通常表示为

段地址：段内偏移地址

的格式。设某存储单元的逻辑地址用十六进制表示为 138D:0200，求该存储单元的物理地址。

解：首先在段地址低位添 0（对十六进制，只需添一个 0），得到实际的段首地址 138D0H，然后再与段内偏移地址 0200H 相加

$$138D0H + 0200H = 13AD0H$$

所以，该存储单元的物理地址为 13AD0H（二进制表示为 00010011101011010000）。

2. 数据在主存中的存储方式

8086 系统中，根据数据的位数不同，定义了以下几种数据类型。

（1）字节类型：数据位数为 8 位（1 字节），在主存中存储时占用 1 个存储单元。

（2）字类型：数据位数为 16 位（2 字节），在主存中存储时占用 2 个存储单元。

（3）双字类型：数据位数为 32 位（4 字节），在主存中存储时占用 4 个存储单元。

（4）四字类型：数据位数为 64 位（8 字节），在主存中存储时占用 8 个存储单元。

（5）十字节类型：数据位数为 80 位（10 字节），在主存中存储时占用 10 个存储单元。

可见，数据位数均为字节的整数倍；位数多于 1 字节的，称为多字节数据。一个多字节数据在主存中存储时，需要占用地址连续的多个存储单元，数的低位字节存储在地址较低的存储单元，而该多字节数所占用的最低地址，就作为该数的地址。图 1.5 所示为双字数据 3A625C89H 在主存中的存储情况，该数的地址为 21004H。

物理地址	主存
	...
21004H	89H
21005H	5CH
21006H	62H
21007H	3AH
	...

图 1.5　多字节数存储示例

1.3.3 I/O 端口

I/O 接口是 I/O 设备与计算机主机相连时的连接电路。I/O 设备类型不同，其 I/O 接口也不同。CPU 与 I/O 设备交换数据（即进行输入/输出操作）都要经过 I/O 接口。通常，I/O 接口中设置有三类寄存器：数据寄存器、控制寄存器和状态寄存器。其中，数据寄存器是 CPU 与 I/O 设备之间传递数据的中转站，即数据发送方将数据存于此，等待数据接收方将其取走，起到双方速度缓冲的作用；控制寄存器用来存放 CPU 发送过来的设备控制信息，I/O 接口据此对 I/O 设备实施控制；状态寄存器用于接收 I/O 设备向主机反馈的状态信息，

CPU 从状态寄存器读取此状态信息进行分析，以决定对 I/O 设备的后续操作。可见，CPU 对 I/O 设备的操作都是通过这些寄存器来完成的。I/O 接口中的这些寄存器统称为 I/O 端口。由于一个计算机系统可以连接的 I/O 设备种类很多，需要多种 I/O 接口，所以系统中的 I/O 端口数量也不少。为了使 CPU 能准确地访问不同的 I/O 端口，计算机系统为 I/O 端口编了号（从 0 开始），称为 I/O 端口地址。

8086 系统的 I/O 端口均为 8 位寄存器，端口地址的长度为 16 位，总共可以给 65536（2^{16}）个 I/O 端口编址。

与访问主存所用的指令不同，CPU 访问 I/O 端口需要使用专门的指令，称为输入/输出指令，简称 I/O 指令。

1.4 计算机中的数据处理

计算机中的数据处理都是由运算器来完成的，所以，运算器是计算机的数据处理中心。CPU 中的定点运算器具有如下数据处理功能。

（1）算术运算功能：对数值数据进行加、减、乘、除运算。

（2）逻辑运算功能：对非数值数据进行与（AND）、或（OR）、非（NOT）、异或（XOR）运算。

（3）数据移位功能：对数据进行各种移位操作。

算术和逻辑运算功能是由运算器中的核心部件 ALU（算术逻辑部件）来完成的，数据移位则由专门的移位电路来实现。ALU 只是一个运算部件，其本身没有数据存储能力，待处理的数据和最终的处理结果，都是存放在寄存器或主存中的。因此，一次数据处理的大致过程是：

（1）将第一个数据从其存放之处（某个寄存器或存储单元）取出，传送到 ALU；

（2）（如果有的话）将第二个数据从其存放之处取出，传送到 ALU；

（3）由 ALU 进行指定的运算；

（4）将运算结果传送到指定的存放地点（某个寄存器或存储单元）。

可见，数据处理过程中需要大量进行数据的取和存操作。实际上，数据的取与存（或读与写）是用汇编语言编程时涉及最多的一类操作，而数据存取操作就要与寄存器、主存甚至 I/O 端口打交道，因此，充分理解和熟练掌握数据的存储，对汇编语言程序设计非常重要。

习题

1. 已知(BH)=5H，(BL)=28H，写出 BX 寄存器中的数据。

2. 试分析以下 8 位加法运算后，各条件标志的状态。

$$10100101 + 11100110$$

3. 设主存中某存储单元的逻辑地址用十六进制表示为 1478:005A，写出其物理地址。

4. 图 1.6 所示为主存某区域的存储情况。试写出地址为 12A33H 的字类型数据，以及地址为 12A36H 的双字类型数据。

物理地址	主存
	...
12A32H	24H
12A33H	1DH
12A34H	E5H
12A35H	78H
12A36H	30H
12A37H	09H
12A38H	5CH
12A39H	66H
	...

图 1.6　第 4 题的主存区域存储情况

5. 从主存地址 15243H 开始连续存储以下数据：字节类型数据 34H、字类型数据 937H、双字类型数据 653A790H。试画图表示出数据在主存中的存储，并指出各数据的存储地址。

第2章
8086 宏汇编语言的源程序组成

宏汇编（MASM）是微软推出的 8086 系统最流行的汇编语言版本，其他版本也与之大同小异。

2.1 源程序的分段结构

汇编语言源程序，是指用汇编语言的语句按汇编语言的语法结构编写而成的程序。这种源程序需要转换成机器语言程序，才能在计算机中运行；完成这种转换的工具软件称为汇编程序，而转换过程称为对源程序的汇编。宏汇编语言的汇编程序称为宏汇编程序。本书采用 MASM 5.0 版本的宏汇编程序，介绍 MASM 5.0 所支持的程序语法。

汇编语言源程序采用分段结构，将程序中的指令代码、数据变量、堆栈等分别定义在不同的主存段中。典型地，一个源程序包含三个段：代码段、数据段和堆栈段，其段地址分别存于段寄存器 CS、DS 和 SS 中。

由于一个主存段最大只有 64KB，所以在一个段的存储容量不够时（如数据量过大，程序代码过多等），可以多定义一些段（如定义多个数据段、多个代码段等）；有时，为使程序的结构更为合理、清晰，也会根据需要多定义几个段。总之，一个源程序可包含的段数是未受限制的。但是，8086 CPU 只提供了 4 个段寄存器，所以，在一个源程序中最多只能同时操作 4 个段，如果需要操作当前 4 个段之外的其他段，必须先将该段的段地址存入某个段寄存器才行，当然，这样做会使该段寄存器原来定位的段变为不可操作。

2.2 汇编语言的语句结构

汇编语言源程序由一条条语句组成，这些语句用来描述程序中所需的各种操作，如段定义、变量定义、操作指令等。汇编语言语句的一般格式如下：

[名字项] 操作项 [操作数项] [;注释项]

其中，带[ ]括号的为可选项。

根据语句所起作用的不同，汇编语言语句可以分为下列三类。

1．伪指令语句

伪指令语句用来说明程序运行的处理器平台，进行段定义、变量与常量定义、过程定义、宏定义以及源程序的开始与结束定义等。

伪指令语句所描述的操作，不是在程序运行时进行的，而是在汇编程序对源程序汇编的过程中进行的。也就是说，伪指令语句是用来指示汇编程序如何进行源程序汇编的，而不是用来直接实现程序操作功能的。

2．指令语句

一条指令语句包含一条汇编语言指令，程序的操作功能是由指令语句来实现的。指令语句经汇编形成机器指令，在程序运行时执行。

3．宏指令语句

宏指令是宏汇编语言允许程序员自定义的一种特殊形式的指令。一条宏指令实际上是由若干条指令组成的，相当于一小段程序。宏指令经定义后，可以像指令一样在源程序中使用。描述宏指令使用的语句就叫宏指令语句。

2.2.1　名字项

名字项就是一个符合特定规则的字符串，其最大长度不超过 31 个字符。组成名字项的字符规定为：26 个英文字母（不分大、小写），数字符 0～9，以及?, ., _, @, $等。其中，数字不能作为名字项的第一个字符，而点号（.）只能作为第一个字符。

对不同类型的语句，名字项描述的对象有所不同。

1．伪指令语句中的名字项

伪指令语句中的名字项涉及如下。

（1）段定义语句中的段名：段名具有段地址属性；源程序中使用段名主要就是利用其段地址属性获取段地址信息。此外，在进行多模块程序设计时，连接程序将把多个模块中段名相同的段按一定的方式进行连接，形成一个段。

（2）变量定义语句中的变量名：变量经定义后，在源程序中可以直接用变量名对变量进行操作。变量名具有三个属性：类型属性、段地址属性和偏移地址属性。

类型属性体现变量的数据类型。8086 汇编语言的变量类型有：字节类型、字类型、双字类型、四字类型和十字节类型。在源程序中对变量进行操作时，必须注意适用什么类型的变量，以及变量类型与其他操作数的类型是否匹配等问题。

段地址属性和偏移地址属性是指，变量名包含了变量所在段的段地址和段内偏移地址信息。可以通过汇编语言提供的特殊操作，从变量名提取这两项地址信息。

（3）替代符定义语句中的替代符：替代符代表了所定义的对象。可替代的对象包括常量表达式以及其他合法表达式。替代符经定义后，可在源程序中直接引用，代表其所定义的对象。

（4）过程定义语句中的过程名：过程也就是子程序。过程经定义后，在源程序中就可以直接通过过程名来调用过程。过程名也具有三个属性：类型属性、段地址属性和偏移地址属性。

类型属性体现过程的类型。过程有近（near）和远（far）两种类型。near 类型是指所定义的过程与其调用程序均定义在同一个代码段内；far 类型则指所定义的过程与其调用程序分别定义在不同的代码段内。两种类型的过程在调用与返回的操作上有所不同。

段地址属性和偏移地址属性与变量的这两个属性具有相同的意义。

（5）宏定义语句中的宏指令名：宏指令名相当于宏指令的助记符，经定义后，就可以在源程序中使用。

2. 指令语句中的名字项

指令语句中的名字项称为指令标号，使用时还需在指令标号后加上 “：”，其使用格式为 “指令标号：”。

指令标号的作用是标记当前指令的位置，通常在作为转移指令的目标指令上使用，以此指出目标指令的位置。

指令标号也有三个属性：类型属性、段地址属性和偏移地址属性。其中，类型属性有近（near）和远（far）两种。如果一个指令标号是作为本代码段内的某条转移指令的转移目标，就是 near 类型；如果是作为其他代码段内转移指令的转移目标，即为 far 类型。段地址属性和偏移地址属性则与过程名的这两个属性具有相同的意义。

2.2.2　操作项

操作项用来描述一条语句的操作功能，是伪指令、指令或宏指令的操作助记符。除宏指令的操作助记符由程序员自定义外，其余两类均为汇编语言系统内部定义，程序员只能使用。

操作项是一条语句必不可少的组成部分。

2.2.3　操作数项

操作数项用来描述一条语句的操作对象。根据语句功能的不同，操作数项的数量不一，也可以没有操作数项。在伪指令语句中，变量定义和常量定义语句需要操作数项来描述所定义的变量和常量，宏指令定义语句往往也需要操作数项来描述其参数；在指令语句中，一条指令所需要的操作数项是有规定的，对 8086 系统而言，根据指令的功能不同，其操作数项可以有一个、两个或者没有。

具体的操作数项可以是常量、变量、寄存器、指令标号、过程名、段名或表达式，其内容可以是数据或地址。

1. 常量

常量的类型有数值常量和字符常量。

1）数值常量

数值常量可用十进制、二进制、十六进制或八进制形式表示，分别在所表示的数后用标记符号 D、B、H 或 O 加以区分；其中，十进制为默认数制，十进制数后可不用 D 进行标记。

对带符号数，可直接用+/-表示正/负号（即用数的真值表示），也可将数转换为补码表示。例如，下列均为正确的数值常量表示：95，-106，203CH，-1010010B（或用补码表示为 10101110B）。

需要注意的是，在用十六进制表示数据时，如果数的最高位在 A~F 范围内，必须在数的最高位上添加一个 0，如 0A234H，0D3CH，0B6H 等。只有这样，汇编程序在汇编时才会将其当作十六进制常数处理，否则会被当作变量名、替代符或标号等进行处理。

此外，在描述数值常量时，要注意当前语句所处理的数据类型，不能超出其数据表示范围。例如，在处理 8 位带符号数时，若出现 128 或-130 这样的数据，就会产生错误。

2）字符常量

字符常量有两种表示方式：将字符置于一对单引号（或双引号）中表示，例如'字符'（或"字符"）；或用字符的 ASCII 码表示，例如，字符 A 可表示为'A'、"A"或 41H（或 65，01000001B 等）。

字符数据在计算机中应按字节类型数据存储和处理，否则容易造成错误。

2. 变量

变量需经定义方可使用。每个变量在主存中都占用一定数量的存储单元（视变量类型而定）。可以将数据存入变量，也可以将变量中所存的数据取出使用。

变量作为操作数项时，直接用其变量名表示。变量名的类型属性决定该变量的数据类型，地址属性指出该变量的存储地址。因此，对变量的操作，实际上就是按照变量的地址，向变量存入或从变量取出指定类型的数据。

3. 寄存器

寄存器可以存放数据或地址，是指令语句中常用的操作数项。段寄存器用来存放段地址，部分 16 位寄存器（BX，BP，SI，DI，SP 及 IP）可用来存放段内偏移地址。寄存器存放地址信息时，是为了提供访问主存的地址。

4. 指令标号和过程名

这两类操作数项主要作为程序控制类指令语句（如各种转移指令和过程调用指令）的操作对象，利用其类型属性及地址属性，准确实现程序执行流程的控制。

5. 段名

段名具有段地址属性，使用段名作为操作数项就是为了获取段地址信息。

6. 表达式

表达式是由常量、变量、指令标号、过程名等，与一些运算符所组成的运算式；通常，单个量也可称为表达式。表达式中允许使用圆括弧()来改变运算的优先次序。

表达式只存在于源程序中，在汇编程序对源程序汇编期间完成计算。因此，程序真正投入运行时，都是直接使用表达式的计算结果作为操作数，而非临时进行计算的。正因如此，**表达式中只能包含已知量，不能出现程序运行过程中动态确定的量。**

表达式分数据表达式和地址表达式两类，其计算结果分别是数据和地址。

下面简要介绍表达式中常用的运算符。

1）算术运算符

算术运算符有+（加）、-（减）、*（乘）、/（除后取商）和 MOD（除后取余数）。

在对字符数据进行算术运算时，实际是对字符的 ASCII 码进行运算。此时需要注意运算的合理性。例如，两个字符之间的加、乘、除都是没有意义的；两个字符相减，可以理解为求两个字符 ASCII 码之间的距离，是有意义的；一个字符加或减一个常数，可以得到另一个字符的 ASCII 码，这也是有意义的。

　　对地址进行算术运算时，都是对偏移地址的运算，也要注意运算的合理性。例如，两个地址之间的加、乘、除都是没有意义的；两个地址之间相减，可以理解为求两个地址之间的距离（相隔的存储单元数），是有意义的；一个地址加或减一个常数，可以得到另一个地址，也是有意义的。

　　2）逻辑运算符

　　逻辑运算符有 AND（与）、OR（或）、XOR（异或）和 NOT（非）。

　　逻辑运算是一种按位运算。例如，逻辑表达式：56H AND 0C3H 的运算过程如下：

$$
\begin{array}{r}
0\,1\,0\,1\,0\,1\,1\,0 \\
\text{AND}\quad 1\,1\,0\,0\,0\,0\,1\,1 \\
\hline
0\,1\,0\,0\,0\,0\,1\,0
\end{array}
$$

其运算结果为 01000010B（42H）。

　　逻辑运算符的优先次序由高到低是：NOT→AND→OR 和 XOR。

　　3）关系运算符

　　关系运算符有 EQ（等于）、NE（不等于）、GT（大于）、LT（小于）、GE（大于等于）和 LE（小于等于）。

　　关系运算符用于比较两个数之间的大小关系。如果关系成立，则表达式的运算结果为 8 位或 16 位全 1（即 0FFH 或 0FFFFH，视所处理数据的位数要求而定），否则结果为全 0。

　　4）属性运算符

　　这类运算符专门针对变量和标号（包括过程名），用于获取其有关属性信息（如类型信息、地址信息等），或重新指定其有关属性。

　　属性运算符有很多，其中最常用的有 OFFSET（取变量或标号的段内偏移地址）、SEG（取变量或标号的段地址）、PTR（重新指定变量、标号或地址表达式的访问类型）、段前缀（其形式是"段寄存器:"，用于指出所访问的变量或存储单元所在的段）、SHORT（无条件转移指令中，将用标号指出的转移目标指定为短距离）。

2.2.4　注释项

　　注释项必须以分号（;）开始，用于对一条语句的功能或作用等进行说明，以便于对源程序的阅读与理解。注释也可以单独作为源程序的一行（也以分号开始，称为注释行），用来说明其后一段程序的功能。适当地对源程序进行注释是一种良好的编程习惯。

　　注释项仅在源程序中可见，汇编程序在对源程序汇编时将忽略注释项。

2.3　常用伪指令

2.3.1　处理器选择伪指令

　　IBM-PC 系列微机自 8086 微处理器后，又使用了 80286、80386、80486、80586（也就

是 Pentium）微处理器。随着微处理器功能的增强，其指令种类与数量也随之增加，但后续微处理器的指令系统完全兼容此前的微处理器的指令系统。MASM 5.0 宏汇编程序支持上述所有微处理器的指令系统，但其默认的微处理器是 8086。为了能够使用不同微处理器所扩展的指令，可以用处理器选择伪指令说明所针对的微处理器。

处理器选择伪指令主要有：

1）.8086

选择 8086 指令系统。如果不做处理器选择，则 MASM 5.0 默认是 8086 指令系统，也就是 IBM-PC 系列微机最基本的指令系统。

2）.286/.386/.486/.586

选择相应微处理器实模式下的指令系统。

3）.286P/.386P/.486P/.586P

选择相应微处理器保护模式下的指令系统。

自 80286 开始，主存地址突破了 8086 的 20 位（80286 为 24 位，其余均为 32 位），有了更大的主存空间，这就需要新的处理器扩展指令功能，以充分利用所增加的主存空间。通常，把只能使用 1MB 主存空间的 8086 的工作模式称为实模式（80286 以后的微处理器也能够按实模式工作，但也只能访问 1MB 主存空间），这种模式只支持单用户、单任务，而把 80286 以后能够使用超过 1MB 主存空间的工作模式称为保护模式，它可以支持多用户、多任务。鉴于目前汇编语言的实际使用情况，本书只介绍实模式下的汇编语言程序设计。

如果需要的话，处理器选择伪指令通常作为源程序的第一条语句。

2.3.2　段定义及源程序结束伪指令

1. 段定义伪指令

如前所述，汇编语言源程序采用分段结构，段定义伪指令用于对程序的各个段进行定义，其一般格式如下：

> 段名　SEGMENT　[定位类型]　[组合类型]　['类别']
> ……　;段的具体内容
> 段名　ENDS

其中，SEGMENT 为段定义操作；ENDS 为段定义结束操作；段名是段定义伪指令的名字项，由程序员自定义。下面对语句中的几个可选项进行说明：

（1）定位类型。用来说明对段首地址的要求。具体有：

PARA——规定段首地址必须能被 16 整除。这是默认的定位类型。

BYTE——允许段首地址为任何地址。

WORD——规定段首地址必须为偶数。

DWORD——规定段首地址必须能被 4 整除。

PAGE——规定段首地址必须能被 256 整除。

（2）组合类型。在多模块程序设计时，用于说明多个模块中的同名、同类别的段在连接时的组合方法。主要有：

PUBLIC——将多个模块中具有该组合类型的同名、同类别的段依次连接成一个段，总容量不能超过 64KB。

STACK——与 PUBLIC 的组合方式相同，但组合所形成的段只用作堆栈段。这是说明一个段为堆栈段的有效手段，在定义堆栈段时常用。

COMMON——将多个模块中具有该组合类型的同名、同类别的段组合成一个段，该段的容量为参与组合的各段中之最大者，各段的段地址相同，内容按连接顺序在此空间相互覆盖。

若缺省组合类型，则表示该段不与任何段组合。

（3）'类别'。类别可以是任意一个合法的字符串，且必须置于一对单引号（''）之间。'类别'在上述段组合中起作用；若'类别'相同，但段名不同，也可在连接时被安排在物理地址上相邻的位置。

ASSUME 伪指令语句是与段定义密切相关的一条语句，在源程序中必不可少，其语句格式为：

ASSUME　段寄存器:段名 ［,段寄存器:段名 ［,…]]

该语句用于建立段寄存器与段之间的联系，即规定一个段的段地址存放在哪个段寄存器中。经过该语句的说明后，程序中需要访问某个段时，就知道从哪个段寄存器中获取该段的段地址。一条 ASSUME 语句可以定义多对段寄存器与段名之间的联系，相互之间以逗号（,）隔开；也可以用多条 ASSUME 语句来完成这些定义，每条 ASSUME 语句只定义一、两对关系。

ASSUME 语句虽然定义了段寄存器与段名之间的联系，但该语句是在汇编程序对源程序汇编期间处理的，此时程序并未投入运行，各段将装载到主存什么地方均是未知的，所以，该语句并不能完成将段地址装入段寄存器的操作，仍需在程序中用指令来完成此项工作。特殊之处是，经 ASSUME 语句定义后，代码段的段地址可以在程序被装载到主存运行时，自动装入代码段寄存器 CS，这是由操作系统的装载程序来完成的。

2. 源程序结束伪指令

在源程序各段都定义完成后，必须用源程序结束伪指令来结束整个源程序，其格式如下：

END ［指令标号]

其中，指令标号为程序入口指令（即程序运行时第一条要执行的指令）的标号，用以指出程序的入口。对单模块程序或多模块程序中的主模块，该语句中必须有指令标号；对多模块程序中的其他模块，则没有指令标号选项。

不失一般性，一个包含堆栈段、数据段和代码段的源程序框架结构如下：

```
SSEG  SEGMENT  STACK  ;堆栈段定义，采用了 STACK 组合类型
    … ;在此定义堆栈的容量
SSEG  ENDS  ;堆栈段定义结束
DSEG  SEGMENT  ;数据段定义
```

```
        …;在此定义数据段的内容
DSEG  ENDS  ;数据段定义结束
CSEG  SEGMENT  ;代码段定义
ASSUME  CS:CSEG,DS:DSEG,SS:SSEG  ;建立段寄存器与段之间的联系
START:MOV AX,DSEG;程序入口指令（标号 START），将数据段的段地址传给 AX 寄存器
      MOV  DS,AX  ;将数据段的段地址从 AX 传到数据段寄存器 DS，完成对 DS 装载
      …;代码段的其他内容
      MOV  AH, 4CH  ;以下两条指令用于结束程序运行，返回操作系统命令状态
      INT  21H
CSEG  ENDS  ;代码段定义结束
END  START  ;源程序结束，同时用程序入口指令标号 START 指出程序入口
```

以上程序结构中，堆栈段定义采用了 STACK 组合类型，这将使系统明确该段为堆栈段，在操作系统将该程序装载到主存运行时，会由装载程序自动把堆栈段的段地址装入 SS 段寄存器，同时将栈顶指针 SP 设置在栈空状态，从而可以在程序中省略对堆栈的初始化操作。程序入口处的两条指令完成将数据段的段地址装入 DS 的操作（系统不会自动装载 DS 和 ES 这两个段寄存器），只有这样，才能在后面的程序中正确处理数据段中的内容。

有了源程序的框架结构，剩下的问题就是如何填充各个段的内容了。对于堆栈段和数据段，采用各种伪指令语句来描述段的内容；而对于代码段，则是用各种指令语句编程来描述其内容（指令语句将在下一章中介绍）。

2.3.3　变量定义与存储空间分配伪指令

这类伪指令主要用在堆栈段和数据段中，为堆栈分配存储空间，以及定义程序中需要用到的各种类型的变量、数组和数据存储区等。其伪指令格式如下：

[变量名]　类型定义操作符　数据项或表达式列表

其中，"类型定义操作符"有以下几种。

DB——定义字节类型，其后的列表中的每一项均占用主存的 1 字节。

DW——定义字类型，其后的列表中的每一项均占用主存的一个字（2 字节）。

DD——定义双字类型，其后的列表中的每一项均占用主存的两个字（4 字节）。

DQ——定义四字类型，其后的列表中的每一项均占用主存的四个字（8 字节）。

DT——定义十字节类型，其后的列表中的每一项均占用主存的 10 字节。

"数据项或表达式列表"是由多个数据项或表达式组成的序列，各项之间以逗号（,）隔开。如果数据项或表达式列表中不止一项，则实际上相当于定义了一个数组，其变量名即为数组名，变量名的地址属性即为数组首元素的地址属性，数组中各元素在地址上连续。

【例 2.1】　分析以下数据段。

```
DSEG  SEGMENT
  VAR1  DB  46H
  VAR2  DW  2A05H
  VAR3  DB  26*3, -53, 00101001B
```

```
VAR4  DW  12H, 0A186H
DSEG  ENDS
```

分析：该数据段中，VAR1 和 VAR2 分别为字节类型和字类型的单变量；VAR3 可看作是有 3 个元素的字节类型数组；VAR4 可看作有 2 个元素的字类型数组。各变量或数组元素均赋予了初值，其中以各种数制描述的数据及表达式，都会在汇编期间由汇编程序处理并转换为二进制，带符号数将转换为补码。同一数据段中定义的各变量或数组，若无特殊处理（如后面将介绍的 ORG 伪指令），将按定义的次序在数据段内分配地址连续的存储空间。图 2.1 所示为该数据段的存储空间映像。为方便描述，图中数据均以十六进制表示。

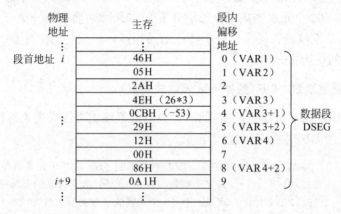

图 2.1　例 2.1 数据段在主存中的映像

图 2.1 右侧的段内偏移地址表示部分，利用了变量名的偏移地址属性来描述变量在数据段中的位置。**变量名也称符号地址**，可以直接在源程序中使用。VAR3 和 VAR4 定义的是数组，其变量名也就是数组名，是数组中首元素的符号地址，而地址表达式 VAR3+1、VAR3+2 及 VAR4+2 的计算结果即为数组中的后续元素在段内的偏移地址。这样的地址表达式也可直接在源程序中使用。

【例 2.2】 字符变量及字符串也是程序设计中常用的数据。试分析以下字符变量及字符串定义语句。

```
CHAR1  DB  'B'
CHAR2  DB  52H
STR1   DB  'C','o', 'm', 'p', 'u', 't', 'e', 'r'
STR2   DB  'program'
```

分析：首先强调，字符在计算机中是以 ASCII 码表示的，一个字符的 ASCII 码占用主存的一个字节，因此，无论是单字符变量，还是字符串，都必须按字节类型定义（用 DB 定义）。

上述四条定义语句中，CHAR1 和 CHAR2 为单字符变量，CHAR1 采用字符常量形式赋初值'B'，而 CHAR2 则采用 ASCII 码形式赋初值 52H（对应于字符'R'）；STR1 和 STR2 均为字符串，汇编语言支持这两种形式的字符串定义方法。字符串本质上是一个字符数组，STR1 和 STR2 分别是两个字符串的首字符（C 和 p）的符号地址。

很多情况下，定义变量或数组时并不需要赋初值，只是给变量或数组分配存储空间，以便在程序运行过程中用于存储数据。为此，汇编语言中规定用问号（?）来为变量或数组元素分配存储空间。

【例 2.3】 下列语句为变量及数组分配存储空间。

```
VAR5  DB  ?  ;为字节类型变量 VAR5 分配 1 个字节存储空间
VAR6  DW  ?,?,?,?,?,?,?,?,?,?  ;为字类型数组 VAR6 分配 10 个元素的存储空间（共 10 个字）
VAR7  DB  50,?,35H,?,?  ;对字节类型数组 VAR7 的某些元素赋初值，某些元素仅分配存储空间
```

当数组元素较多，且元素值按一定的规律重复时（如为某数组分配 200 个元素的存储空间；将一个具有 500 个元素的数组全部清 0 等），如果像前面那样一个一个元素地定义是非常繁琐的。为此，汇编语言提供了一个特殊的操作符——重复操作符 DUP 来解决这一问题。DUP 操作符的使用格式为：

重复次数　DUP（数据项或表达式列表）

DUP 操作符将按指定的重复次数，对括弧（）中的数据项或表达式列表进行重复定义。

【例 2.4】 采用 DUP 操作符的数组定义。

```
ARR1  DB  100  DUP(?)         ;为字节类型数组 ARR1 分配 100 个元素的存储空间
ARR2  DW  50  DUP(0)          ;为字类型数组 ARR2 分配 50 个元素的存储空间，并清 0
ARR3  DB  5  DUP(12H,86H)     ;定义具有 10 个元素的字节类型数组 ARR3，并赋初值
ARR4  DB  65H,3  DUP(4AH,05H),30H  ;定义具有 8 个元素的字节类型数组 ARR4，并赋初值
```

其中，ARR3 和 ARR4 的存储映像如图 2.2 所示。

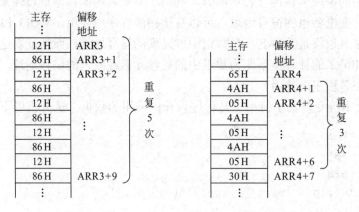

图 2.2　例 2.4 中 ARR3 和 ARR4 的存储映像

【例 2.5】 定义一个大小为 32 个字的堆栈。

解： 该堆栈段定义如下：

```
SSEG  SEGMENT  STACK
 DW 32 DUP(?)  ;为堆栈分配 32 个字的存储空间
SSEG  ENDS
```

定义堆栈时，只需为堆栈分配存储空间即可。与一般变量或数组不同，堆栈有其独特的访问方式，所以定义时不用定义变量名（或数组名）。此外，8086 系统规定，数据进、

出栈操作均按字进行，因此，通常按字类型（DW）定义堆栈空间。

2.2.3 节所介绍的一些属性运算符可以与变量或标号组成特殊的属性表达式。

1）OFFSET 运算符

该运算符用于取变量或标号的段内偏移地址，其使用方式为

OFFSET　变量或标号

2）SEG 运算符

该运算符用丁取变量或标号的段地址，其使用方式为

SEG　变量或标号

3）PTR 运算符

变量和标号在定义时都有具体的类型属性，该运算符用于重新指定变量、标号或地址表达式的访问类型，其使用方式为

新类型　PTR　变量/标号/地址表达式

可重新指定的新类型有：

BYTE——字节类型；

WORD——字类型；

DWORD——双字类型；

NEAR——近类型；

FAR——远类型。

其中，前三种为变量类型，后两种为标号类型。

对地址表达式，如果表达式中出现变量名或标号，则该表达式所形成的地址的访问类型与所包含的变量或标号的类型一致；若表达式中未包含变量名或标号，则该表达式所形成的地址的访问类型不确定，需要借助语句中的其他成分来确定其访问类型（将在第 3 章介绍）。

【例 2.6】 在例 2.1 的基础上，分析几个属性表达式：

```
（1）OFFSET  VAR1
（2）OFFSET  VAR2+1
（3）SEG  VAR3
（4）WORD  PTR  VAR3
（5）BYTE  PTR  VAR4+2
```

分析：

（1）该表达式求取符号地址 VAR1 的段内偏移地址属性值，其结果为 0（见图 2.1）。

（2）该表达式求取地址表达式 VAR2+1 的偏移地址属性值，其结果为 2（见图 2.1）。

（3）该表达式求取符号地址 VAR3 的段地址属性值；对于同一个段内定义的变量或数组，其段地址属性值都是相同的。

（4）对字节类型的 VAR3 重新指定为按字类型访问，即以 VAR3 为符号地址，访问一个字，该字为 0CB4EH（见图 2.1）。

（5）由于 VAR4 定义为字类型，因此，地址表达式 VAR4+2 的访问类型为字类型。属性表达式"BYTE PTR VAR4+2"将字类型的 VAR4+2 重新指定为按字节类型访问，即以 VAR4+2 为地址，访问一个字节，该字节为 86H（见图 2.1）。

2.3.4　替代符定义伪指令

给常量表达式或其他合法表达式定义一个替代符，然后在源程序中直接用替代符来代替原表达式，可以提高源程序的可读性，并给编程带来方便。

1．用 EQU 伪指令定义替代符

EQU 伪指令格式如下：

替代符　EQU　表达式

表达式中可包含：常量、已经过定义的其他符号（如变量名、标号、替代符）或汇编语言规定使用的一些符号（如指令助记符、寄存器名）等。

【例 2.7】 分析以下 EQU 伪指令语句。

```
(1) N1  EQU  (124-38)/2
(2) C1  EQU  15
    C2  EQU  100-C1
(3) V1  DB  41H,30H,55H,2AH
    ADDR  EQU  V1+1
```

分析：

（1）该语句定义替代符 N1 来代替常量表达式(124-38)/2 的值 43。常量表达式的值在汇编期间计算。用来替代常量的替代符也称为符号常量。

（2）第一条语句定义了符号常量 C1（代表常数 15）；第二条语句定义了符号常量 C2，其中的常量表达式用到了前面定义的 C1，C2 代表常数 85。

（3）第一条语句定义了字节类型数组 V1；第二条语句定义了替代符 ADDR，它替代的是地址表达式 V1+1（即数组元素 30H 的地址）。

用 EQU 伪指令定义的替代符在同一个源程序中不能重复定义，也就是说，一个替代符经定义后，其替代的对象就不能改变了。

2．用"="伪指令定义替代符

"="伪指令格式如下：

替代符＝表达式

"="伪指令所起的作用与 EQU 伪指令相同，但用"="伪指令定义的替代符可在同一个源程序中重复定义。用"="伪指令定义的替代符的有效范围从它被定义开始，到它下一次被定义为止。

需要特别注意的是，替代符与变量有着本质区别，变量需要分配存储空间，变量的值是存储在所分配的存储空间中的，但替代符不占存储空间，它只相当于某个表达式的别名，汇编程序在对源程序进行汇编时，会将所有的替代符用其所代替的表达式的值重新置换回来。

2.3.5 段内偏移地址指针设置伪指令

1. 段内偏移地址指针$

汇编程序在对源程序进行汇编时，要为段内的每个变量或每条指令确定其段内偏移地址。为此，汇编程序给每个段设置了一个段内偏移地址指针（用$表示），用以跟踪汇编过程，动态指出段内下一个可分配的存储单元的偏移地址，为变量或指令的存储提供依据。

【例 2.8】 分析下列语句中段内偏移地址指针的作用。

```
DSEG SEGMENT
  DAT1 DB  7FH,0DH,20H,33H,49H,0C6H,10  DUP(?)
  N1=$-DAT1
  DAT2 DW  1023H,0B5H,4587H,356H,7096H
  N2=($-DAT2)/2
DSEG ENDS
```

分析：在定义替代符 N1 的语句中，此时的$指出定义完 DAT1 字节类型数组后，下一个可分配的存储单元的偏移地址（也就是 DAT1 数组最后一个元素的下一个存储单元的偏移地址），而 DAT1 是该数组首元素的偏移地址，所以，表达式$-DAT1 的值即为 DAT1 数组所占用的存储单元数（即字节数），也就是该数组的元素个数（因为该数组为字节类型数组），其值为 16。同理，在定义替代符 N2 的语句中，表达式$-DAT2 的值为 DAT2 数组所占用的存储单元数，但 DAT2 为字类型数组，其每个元素占用两个存储单元，所以，表达式($-DAT2)/2 的值就是 DAT2 数组的元素个数，其值为 5。

本例中求数组元素个数的方法，是汇编语言程序设计中常用的方法。

若在代码段的指令语句中使用$指针，则表示本条指令在代码段内的偏移地址，这主要用在程序控制类指令中。

2. 段内偏移地址指针设置伪指令

该伪指令用于直接设置$指针的值，其格式为：

ORG 常量表达式

ORG 伪指令将常量表达式的值作为段内偏移地址，直接赋予$指针。

【例 2.9】 分析下面数据段定义中，ORG 伪指令的作用。

```
DSEG SEGMENT
  DAT1 DB 14H DUP(?)
  ORG 100H
  DAT2 DW 1357H,2468H
DSEG ENDS
```

分析：上面的数据段中，若无 ORG 伪指令，则 DAT2 应紧接着 DAT1 定义，其首地址应该是 14H（段内偏移地址），但 ORG 伪指令在此将$指针修改成了 100H，因此，DAT2 是在段内偏移地址 100H 处定义的，其首地址为 100H。

因为 ORG 伪指令改变了$指针正常的变化规律，一般只在特殊要求下使用。

2.3.6 过程定义与宏定义伪指令

1. 过程定义伪指令

过程也称为子程序，过程定义伪指令语句格式如下：

> 过程名　PROC　[类型]
> ……　;过程的具体代码
> 过程名　ENDP

其中，PROC 表示过程定义开始，ENDP 表示过程定义结束。过程的类型有近（NEAR）和远（FAR）两种。NEAR 类型是指过程与其调用程序定义在同一代码段内，为默认类型；FAR 类型则指过程与其调用程序不在同一代码段内。

过程名具有三个属性：类型属性、段地址属性和偏移地址属性。

2. 宏定义伪指令

宏定义伪指令用于定义宏指令，其语句格式如下：

> 宏指令名　MACRO　[形式参数表]
> ……　;宏体
> ENDM

其中，MACRO 表示宏定义开始，ENDM 表示宏定义结束。"形式参数表"用来说明宏指令使用时所需的参数，为可选项。宏体就是一段程序，这段程序的功能就是对应宏指令的功能。

宏指令经定义后，即可在程序中使用，称为宏调用。

过程（子程序）与宏指令的定义及调用是汇编语言程序设计中常用的手段，它能使程序设计更加清晰、高效。详细内容见第 4 章。

习题

1. 仿照例 2.1，画出以下数据段的存储映像图（图中所有数据均用十六进制表示），并指出符号常量 N1 和 N2 所代表的值。

```
DATA  SEGMENT
  DAT1  DB  58,-84,12*6-8,10000110B
  N1=$-DAT1
  DAT2  DW  40C6H,20H,6E7H
  DAT3  DB  4,?,4  DUP(0)
  N2=(DAT3-DAT2)/2
DATA  ENDS
```

2. 若按以下属性表达式描述的方式对题 1 中的数据段做读操作，读取的数据是什么？

（用十六进制表示。）

 （1）WORD　PTR　DAT1+2

 （2）BYTE　PTR　DAT2+1

 3. 对题 1 中定义的数据段，若设其段首的物理地址为 14D60H，则以下属性表达式的值是什么？（用十六进制表示。）

 （1）OFFSET　DAT2+4

 （2）OFFSET　DAT3+2

 （3）SEG　DAT3

 4. 用组合类型 STACK 定义一个容量为 64 个字的堆栈段。

第3章

8086 指令系统

指令语句是构成代码段的主体，是用来实现程序的操作功能的。本章主要介绍 8086 的指令系统，此外简要介绍实模式下 80x86 的指令系统扩展。

3.1 指令系统基本概念

指令是给计算机下达的一个简单操作任务，CPU 所能执行的所有指令构成了一个计算机的指令系统（也称指令集）。汇编语言指令是对机器指令的符号化表示，采用助记符来表示指令的操作功能和操作对象，大大方便了指令的掌握和使用。

指令系统中的指令，根据其操作功能的不同，通常可以分为以下几类：

（1）数据传送类指令。这类指令用于在寄存器之间、寄存器与存储单元之间或 CPU 与 I/O 端口之间传送数据。传送数据的主要目的，一是为数据处理做准备，二是存储数据处理的结果。这类指令是程序设计中使用最多的一类指令。

（2）算术运算类指令。这类指令用于完成数据的加、减、乘、除运算，是主要的数据处理指令。

（3）逻辑运算类指令。这类指令用于完成与、或、非、异或等逻辑运算，通常还包含一些特殊的数据移位操作指令，也是重要的数据处理指令。

（4）串操作类指令。这类指令用于字符串或成组数据操作，用以提高编程效率。

（5）程序控制类指令。这类指令用于控制程序的执行流程（如分支、循环、过程调用与返回、中断调用与返回等），以便正确体现程序的处理逻辑。

（6）处理器控制类指令。这类指令可用来控制处理器的某些工作方式或状态。

8086 系统的一条指令语句的一般格式如下：

[标号:]　操作助记符　[操作数项 [,操作数项]]　[;注释]

可见，一条指令语句中，除描述指令操作功能的操作助记符必不可少之外，其他成分都是可选项。通常，只有作为程序转移目标的指令才需要设置一个指令标号，用来作为转移目标指令的符号地址。

操作数项的多少视指令的操作要求而定，可以是一个、两个或没有。需要指出的是，有些指令虽然没有描述操作数项，但其并非没有操作数，只是由指令内部规定了操作数而已。同理，有些指令中只描述了一个操作数项，而另一个操作数则由指令内部规定。下面通过几条典型指令来了解一下指令格式的基本特点。

1．MOV 指令

指令格式：`MOV DST,SRC`

MOV 指令是最常用的数据传送指令，其操作助记符为 MOV，涉及两个操作数项：DST 和 SRC。指令功能是：将操作数项 SRC 的值传送给操作数项 DST，可用符号描述为 DST←(SRC)。由于 DST 是最终接收传送结果的，是数据传送的目的地，因此也称为目的操作数，而 SRC 是数据的来源，故被称为源操作数。

2．ADD 指令

指令格式：`ADD DST,SRC`

ADD 指令是加法运算指令，其操作助记符是 ADD，DST 提供被加数，SRC 提供加数，指令功能可描述为：DST←(DST)+(SRC)，即 DST 的值与 SRC 的值相加，其和存到 DST。同样，由于 DST 接收最终的操作结果，被称为目的操作数，而 SRC 只提供运算数据，故为源操作数。

一般地，对于有两个操作数项的指令，最终接收操作结果的操作数项为目的操作数，且总是写在前面（左边），而另一个则为源操作数，写在后面（右边）。

3．NOT 指令

指令格式：`NOT OPR`

NOT 指令是逻辑非运算指令，其操作助记符为 NOT。由于非运算是单目运算，故指令中只有一个操作数项 OPR；指令功能可描述为 OPR←$\overline{\text{(OPR)}}$，即将操作数项 OPR 的值按位取反，并仍保存到 OPR。由于只有一个操作数项，故 OPR 既是源操作数，也是目的操作数。

4．NOP 指令

指令格式：`NOP`

NOP 指令是空操作指令，操作助记符为 NOP。该指令没有任何操作功能，所以没有操作数项。

操作数项可以用常量表达式直接描述，但更多情况下，操作数项实际上描述的是操作数存放的位置，如某个寄存器、某个存储单元的地址或某个 I/O 端口地址等。指令在执行时，需要按所描述的地址，到指定位置取出或存放数据。从这个意义上说，指令中只描述一个操作数地址的，称为一地址指令；描述两个操作数地址的，称为二地址指令；而不描述操作数地址的，则称为零地址指令。

3.2 寻址方式

3.2.1 操作数的寻址方式

为了满足不同的数据处理要求，指令中描述操作数地址的方式也多种多样。指令中描述操作数地址的方式，称为操作数的寻址方式，简称寻址方式。只有熟练掌握了各种寻址方式，才能正确、灵活地使用指令。所以，寻址方式是汇编语言程序设计的重要基础。

1. 寄存器寻址方式

若操作数由寄存器提供，或操作结果要存入寄存器，则对应的操作数项就要指出所用的寄存器。操作数的这种寻址方式就叫寄存器寻址方式。

【例 3.1】 设被加数和加数分别存于寄存器 AL 和 BL 中，写出相应的加法指令。

分析：因为被加数和加数均由寄存器提供，所以这两个操作数均采用寄存器寻址方式，需要在指令中直接用寄存器名表示；此外，根据前面介绍的加法指令格式，被加数项还要作为目的操作数。因此，该加法指令应该写成

```
ADD  AL,BL
```

其操作功能是：AL←(AL)+(BL)。若指令执行前，(AL)=25H，(BL)=36H，则执行该指令后，AL 寄存器的内容为 25H+36H=5BH，而 BL 的内容不变。

【例 3.2】 要求将 BX 寄存器中所存的数据传送给 AX 寄存器，写出相应的传送指令。

分析：由于 BX 寄存器提供数据，而 AX 寄存器接收数据，所以，两个操作数项均采用寄存器寻址方式，且 BX 为源操作数，AX 为目的操作数，故该传送指令为

```
MOV  AX,BX
```

其操作功能是：AX←(BX)。若指令执行前，(AX)=1205H，(BX)=3600H，则执行该指令后，AX 寄存器的内容变为 3600H，而 BX 的内容不变。

由于寄存器的数据存取速度快，因此，采用寄存器寻址方式可以加快指令的执行速度。

2. 立即寻址方式

若一个操作数项描述的是操作数本身（用常量或常量表达式表示），而不是操作数的存放位置，则该操作数的寻址方式称为立即寻址方式，而表示该操作数的常量或常量表达式的值称为立即数。

【例 3.3】 要求将数据 68 传送给 AL 寄存器，写出相应的传送指令。

分析：由于 AL 寄存器接收数据，所以目的操作数为 AL，采用寄存器寻址方式，而源操作数为常数 68，所以源操作数为立即寻址方式。该传送指令为

```
MOV  AL,68
```

其操作功能是：AL←68。

【例 3.4】 设被加数存于寄存器 DX 中，加数为 512，写出相应的加法指令。

分析：因为被加数由寄存器 DX 提供，所以 DX 为目的操作数，采用寄存器寻址方式，而加数为常数 512，所以源操作数为立即寻址方式。该加法指令为

```
ADD  DX,512
```

其操作功能是：DX←(DX)+512。若指令执行前，(DX)=1235，则执行该指令后，DX 寄存器的内容为 1235+512=1747。

由于立即寻址方式描述的是一个常量，而不是一个存放数据的位置，所以，立即寻址方式不能用于目的操作数。

3. 存储器寻址方式

若操作数存于存储器中，则对应的操作数项就要描述出操作数的存放地址。操作数的这种寻址方式称为存储器寻址方式。

指令中使用的存储器地址都是逻辑地址，其中，段地址由段寄存器提供，用段前缀（DS:，ES:，CS:或 SS:）来指明所用的段寄存器，偏移地址（亦称有效地址）部分的表示形式则有多种，由此形成了不同的存储器寻址方式。

1）直接寻址方式

如果在描述操作数的地址时直接表示出操作数的偏移地址，则该操作数的寻址方式就是直接寻址方式。

【例 3.5】　要求将存于数据段内偏移地址为 0010H 处的一个字节数据传送给寄存器 AL，写出相应的传送指令。

分析：显然，目的操作数为 AL 寄存器，而源操作数存于数据段内偏移地址为 0010H 的存储单元，所以采用直接寻址方式。该传送指令为

```
MOV  AL,DS:[0010H]
```

其中，"DS:"为数据段前缀，用于指出段地址由数据段寄存器 DS 提供；偏移地址 0010H 必须置于方括号[ ]内。若设(DS)=2014H，则该存储单元的物理地址=20140H+0010H=20150H，又设(20150H)=52H，则该指令执行后，(AL)=52H。

【例 3.6】　若(DS)=2014H，(20150H)=52H，(20151H)=16H，则指令

```
MOV  AX,DS:[0010H]
```

执行后，(AX)=?

分析：根据指令中源操作数所描述的逻辑地址，可以计算出该存储单元的物理地址是 20140H+0010H=20150H。由于指令中的目的操作数为 16 位寄存器 AX，所以，源操作数也需提供一个 16 位数据。也就是说，要按地址 20150H 从存储器读取一个字（16 位，2 个字节）。按照字类型数据在存储器中的存放方式，可知该字类型数据由 20150H 和 20151H 两个存储单元的数据组成，其值为 1652H，故该指令执行后，(AX)=1652H。

需要说明的是，若以常数形式描述偏移地址（如以上两例），则必须将其置于方括号[ ]中，且必须指明段前缀，否则，汇编程序在汇编时，会将该常数当作立即数处理。例如，指令

```
MOV  AX,[0560H]
```

将被汇编成

```
MOV  AX,0560H
```

在更多情况下，直接寻址方式利用变量名的偏移地址属性来描述操作数的偏移地址（可直接用变量名，或将变量名置于方括号[ ]中），而段地址则由 ASSUME 语句中所描述的相关段寄存器默认提供。

【例 3.7】　设数据段内有如下变量定义语句：

```
VAR  DB  76H,5CH,0A3H,08H
```

分析以下指令的执行结果。

```
(1) MOV  AL,VAR
(2) MOV  VAR+2,20H
(3) ADD  DL,VAR+1  ;设指令执行前，(DL)=35H
(4) NOT  VAR+3
```

分析：

（1）目的操作数为寄存器寻址方式；源操作数采用直接寻址方式，利用变量名 VAR 的偏移地址属性给出操作数的偏移地址，段寄存器默认为 DS，不用表示出来（下同）。该指令的功能是 AL←(VAR)，指令执行的结果是(AL)=76H。

（2）源操作数为立即寻址方式；目的操作数采用直接寻址方式，操作数的偏移地址由地址表达式 VAR+2 描述。该指令的功能是 VAR+2←20H，即将立即数 20H 存入偏移地址为 VAR+2 的存储单元，该存储单元原来的内容为 0A3H，指令执行后变为 20H。

（3）目的操作数为寄存器寻址方式；源操作数采用直接寻址方式，操作数的偏移地址由地址表达式 VAR+1 描述。该指令的功能是 DL←(DL)+(VAR+1)，由于(DL)=35H，(VAR+1)=5CH，故指令执行结果是(DL)=91H。

（4）操作数采用直接寻址方式，操作数的偏移地址由地址表达式 VAR+3 描述。该指令的功能是 VAR+3←$\overline{(VAR+3)}$，由于(VAR+3)=08H（二进制 00001000B），故指令执行结果是(VAR+3)=0F7H（二进制 11110111B）。

在使用变量名进行直接寻址时，还要注意变量的类型属性。例如，对例 3.7 中定义的字节类型数组 VAR，以下指令

```
MOV  AX,VAR+1
```

是错误的。因为，源操作数利用地址表达式 VAR+1 形成的偏移地址进行直接寻址，但 VAR 具有字节类型，只能按地址读取一个字节（即 5CH），而目的操作数 AX 是 16 位寄存器，这样，两个操作数就产生了数据类型矛盾，所以，指令出现错误。如确需从字节类型的 VAR 数组读取一个字，则要用 PTR 属性运算符重新指定按字类型访问，即

```
MOV  AX,WORD PTR VAR+1
```

该指令执行后，(AX)=0A35CH。

2）寄存器间接寻址方式

若以某个 16 位寄存器的内容作为操作数的偏移地址，则该操作数的寻址方式称为寄存器间接寻址方式。

可用于寄存器间接寻址的 16 位寄存器有 SI、DI、BX 和 BP，使用时必须置于方括号[ ]中。其中，使用 SI、DI 或 BX 时，段寄存器默认为 DS；使用 BP 时，段寄存器默认为 SS。

【例 3.8】 设某字节数据存于数据段，其偏移地址放在 BX 寄存器中，现要将该数据传送给 DL 寄存器，写出相应的指令。

分析： 由于用 DL 寄存器接收数据，所以目的操作数为 DL 寄存器；源操作数的偏移地址存于 BX 寄存器，所以为寄存器间接寻址方式，段寄存器为默认的数据段寄存器 DS，指令如下：

```
MOV  DL,[BX]
```

【例 3.9】 设(DS)=3010H，(30220H)=0AH, (30221H)=28H，则指令序列

```
MOV  SI,0120H
MOV  DX,[SI]
```

执行后，(DX)=?

分析：第一条指令将立即数 0120H 传送给 SI 寄存器；第二条指令中，源操作数采用了寄存器间接寻址方式，以 SI 寄存器的内容 0120H 为操作数的偏移地址，段寄存器默认为 DS，所形成的物理地址为

$$30100H+0120H=30220H$$

由于目的操作数是 16 位寄存器 DX，所以要从地址为 30220H 和 30221H 的两个单元中读取一个字传送给 DX。依题，该字为 280AH，所以，以上指令序列执行后，(DX)=280AH。

【例 3.10】 设数据段内有如下变量定义语句：

```
VAR1  DB  88H,4AH,?
```

以下指令序列将 VAR1 数组的前两个元素（即 88H 和 4AH）相加，并将其和存入数组的第三个元素位置（即数组中用?号定义的存储单元）。

```
MOV  BX,OFFSET VAR1    ; BX←VAR1 的偏移地址
MOV  AL,[BX]           ; AL←([BX])，指令执行后，(AL)=88H
ADD  BX,1             ; BX←(BX)+1，即 BX←VAR1+1 的偏移地址
ADD  AL,[BX]          ; AL←(AL)+([BX])，指令执行后，(AL)=88H+4AH=0D2H
ADD  BX,1            ; BX←(BX)+1，即 BX←VAR1+2 的偏移地址
MOV  [BX],AL         ; [BX]←(AL)，将 0D2H 存入偏移地址为 VAR1+2 的存储单元
```

说明：以上指令序列中，第一条指令用 OFFSET 运算符提取变量 VAR1 的偏移地址；第二条指令的源操作数采用寄存器间接寻址方式，此时 BX 提供的是数组第一个元素的偏移地址（段寄存器默认为 DS）；第三条指令将 BX 中的偏移地址加 1，形成下一个存储单元的偏移地址（即数组第二个元素的偏移地址）；第四条指令将数组前两个元素相加，其中，加数采用寄存器间接寻址方式获得；第五条指令再次将 BX 中的偏移地址加 1，形成数组第三个元素的偏移地址；第六条指令将数组前两个元素之和存入数组第三个元素的位置，其中，目的操作数采用寄存器间接寻址方式描述操作数的存储地址。

使用寄存器间接寻址方式需要注意：

（1）如果要访问的不是默认的段，则必须使用段前缀来指明。例如：

```
MOV  AL,ES:[DI]
```

其中段前缀 ES:指出访问的是附加段，而非默认的数据段。

（2）寄存器间接寻址方式只能描述操作数的地址，不能描述操作数的类型。例如，以下指令

```
MOV  [BX],98H
```

是错误的。因为，源操作数为立即数，没有类型属性，目的操作数采用寄存器间接寻址方

式，也不能说明所描述的地址是字节数据还是字类型数据的地址。指令中的两个操作数都没有明确的类型，这在汇编语言指令中是不允许的。此时，需要用 PTR 属性运算符指定操作数的访问类型，如语句

```
MOV BYTE PTR [BX],98H
```

指定目的操作数地址为字节类型数据地址。

注意：PTR 运算符只能作用于地址表达式。

3）寄存器相对寻址方式

寄存器相对寻址方式下，操作数的偏移地址的产生方式为

偏移地址=(16 位寄存器)+D

在指令中的表示形式是：[16 位寄存器+D]或 D[16 位寄存器]。其中，16 位寄存器只能使用 SI、DI、BX 或 BP；D 称为位移量，它可以是一个 8 位或 16 位带符号数，也可以是一个变量名或标号（取其偏移地址属性值作为位移量）。当使用 SI、DI 或 BX 时，段寄存器默认为 DS；使用 BP 时，段寄存器默认为 SS。

【例 3.11】 设(DS)=2450H，(SI)=0030H，(24536H)=78H，(24520H)=64H，分析以下指令的执行结果。

```
(1)MOV CH,[SI+06H]
(2)MOV CH,[SI-10H]
```

分析：

（1）源操作数采用寄存器相对寻址方式，操作数的偏移地址产生方式为

偏移地址=(SI)+06H=0030H+06H=0036H

段寄存器默认为 DS，所以，操作数的物理地址为

24500H+0036H=24536H

依题可知(24536H)=78H，所以，该指令的执行结果是：(CH)=78H。

（2）与（1）类似，操作数的物理地址为

24500H+0030H-10H=24520H

依题可知(24520H)=64H，所以，该指令的执行结果是：(CH)=64H。

【例 3.12】 实现例 3.10 操作功能的指令序列也可用寄存器相对寻址方式编写如下：

```
MOV BX,0
MOV AL,[BX+VAR1]
ADD BX,1
ADD AL,[BX+VAR1]
ADD BX,1
MOV [BX+VAR1],AL
```

说明：第二条指令中，源操作数的偏移地址相当于 VAR1+0；第四条指令中，源操作数的偏移地址相当于 VAR1+1；第六条指令中，目的操作数的偏移地址相当于 VAR1+2。

使用寄存器相对寻址方式也要注意段前缀使用问题。此外，如果位移量是常数，则所形成的操作数地址也不能指出访问的数据类型，但若以变量名为位移量，则以变量的类型

作为数据的访问类型（如例 3.12 所示）。

　　4）基址变址寻址方式

　　在 16 位寄存器 SI、DI、BX 和 BP 中，BX 和 BP 也称为基址寄存器，而 SI 和 DI 又称为变址寄存器（SI 为源变址寄存器，DI 为目标变址寄存器）。

　　基址变址寻址方式下，操作数的偏移地址产生方式为

偏移地址=(基址寄存器)+(变址寄存器)

　　在指令中的表示形式是：[基址寄存器+变址寄存器]或[基址寄存器][变址寄存器]。其中，基址寄存器用 BX 时，段寄存器默认为 DS，而用 BP 时，段寄存器默认为 SS。

　　【例 3.13】　实现例 3.10 操作功能的指令序列也可用基址变址寻址方式编写如下：

```
MOV  BX,OFFSET VAR1
MOV  SI,0
MOV  AL,[BX+SI]
ADD  SI,1
ADD  AL,[BX+SI]
ADD  SI,1
MOV  [BX+SI],AL
```

　　说明：第三条指令中，源操作数的偏移地址相当于 VAR1+0；第五条指令中，源操作数的偏移地址相当于 VAR1+1；第七条指令中，目的操作数的偏移地址相当于 VAR1+2。

　　与寄存器间接寻址方式类似，使用基址变址寻址方式也要注意操作数访问类型问题和段前缀使用问题。

　　5）相对基址变址寻址方式

　　如果操作数的偏移地址产生方式为

偏移地址=(基址寄存器)+(变址寄存器)+D

则称为相对基址变址寻址方式，其在指令中的表示形式是：[基址寄存器+变址寄存器+D]或 D[基址寄存器][变址寄存器]。其中，基址寄存器用 BX 时，段寄存器默认为 DS，而用 BP 时，段寄存器默认为 SS；位移量 D 的使用方法与寄存器相对寻址方式相同。

　　【例 3.14】　通常，二维数组在主存中的存储方式是按行序存储，同一行中的元素按从左到右的顺序存储。下面的数组定义语句在数据段内定义了一个 4 行 4 列的二维数组

```
ARR DB  1,2,3,4,5,6,7,8,9,10,11,12,13,14,15,16
```

以下指令序列实现将该二维数组第 3 行中的 4 个元素求和。

```
MOV  BX,4*2
MOV  SI,0
MOV  AL,[BX+SI+ARR]
ADD  SI,1
ADD  AL,[BX+SI+ARR]
ADD  SI,1
ADD  AL,ARR[BX][SI]
```

```
ADD  SI,1
ADD  AL,ARR[BX][SI]
```

说明： 第一条指令将数组第 3 行的首元素（即 9）相对于数组首地址（即 ARR）的位移量（即 4×2=8）存入 BX；第二条指令将同一行中第 1 个元素相对于本行行首的位移量（即 0）存入 SI；在第三条指令中，源操作数采用相对基址变址寻址方式，产生的是数组第 3 行首元素的偏移地址（即 ARR+8），所以，该指令将数组第 3 行首元素传送给 AL 寄存器；第四条指令将 SI 寄存器的内容加 1，即修改行内元素的位移量，使其指向行内下一个元素；第五条指令中，源操作数采用相对基址变址寻址方式，产生的是数组第 3 行第 2 个元素的偏移地址（即 ARR+9），所以，该指令将数组第 3 行第 2 个元素累加到 AL 寄存器中；类似地，后面几条指令实现将数组第 3 行第 3 个和第 4 个元素依次累加到 AL 中。

相对基址变址寻址方式在段前缀使用问题上与基址变址寻址方式类似，在数据访问类型问题上，则与寄存器相对寻址方式类似。

4. 隐含寻址方式

在 8086 指令系统中，有些指令默认操作数（或操作数偏移地址）存放在某个特定的寄存器中，从而在指令中省略对该操作数的描述，称为隐含寻址。

例如乘法指令

```
MUL  BX
```

其中，MUL 为指令操作助记符；BX 中的数据为乘数，被乘数采用隐含寻址方式，默认为 AX 寄存器中的数据。

3.2.2　转移地址的寻址方式

程序运行时，其指令和数据都存放在主存中，数据存放在数据段，而指令则存放在代码段。CPU 每次从主存取出并执行一条指令，因此，CPU 必须知道所要执行的指令在主存中的存放地址。由于指令存放在代码段中，所以，指令的段地址由代码段寄存器 CS 提供，而其偏移地址则由 CPU 中的专用寄存器 IP 提供。CS 和 IP 都是在程序被装载到主存运行时，由操作系统的装载程序自动完成初始设置的；其中，IP 被设置为程序入口指令的偏移地址。

代码段中的指令是按其在程序中的排列顺序连续存放的，CPU 按 IP 提供的指令偏移地址到代码段中取出一条指令后，会使 IP 自动增量（即加上当前指令的字节数），形成下条指令的偏移地址。因此，如果程序完全是顺序执行的，依靠 CPU 对 IP 的自动增量控制，就能按顺序取出并执行每条指令。但是，纯粹的顺序程序是很少的，大多数程序在执行过程中都会不时根据需要改变程序的执行方向，这称为程序的转移执行。

程序的转移执行通过程序控制类指令实现。这类指令通过直接修改 IP（有时也包括 CS）的方式，来改变下一条要执行的指令的地址，从而改变程序的执行方向。下面以无条件转移指令为例，介绍转移地址的寻址方式。

无条件转移指令的一般格式为

```
        JMP   OPR
```

其中，JMP 是指令的操作助记符，OPR 用以描述转移目标指令（即需转移到的指令）的地址。该指令的功能是：按 OPR 描述的转移地址，无条件转移到目标指令执行。

下面介绍几种常用的转移地址寻址方式。

1．段内直接寻址方式

这种寻址方式的特点是：转移指令与目标指令在同一个代码段内，且直接用目标指令的标号（即目标指令的符号地址）描述转移地址。

由于是在同一代码段内转移，所以转移指令不用修改 CS，只需按指令中给出的目标指令的标号（符号地址）修改 IP 即可。

【例 3.15】 段内直接转移示例（如图 3.1 所示）。

```
        CODE SEGMENT                        CODE SEGMENT
        ASSUME CS:CODE,…                    ASSUME CS:CODE,…
            ⋮                                   ⋮
        JMP LBL 1                           LBL2: ADD AL,1 ;目标指令
            ⋮                                   ⋮
LBL1:ADD AX,BX ;目标指令                      JMP LBL 2
            ⋮                                   ⋮
        CODE ENDS                           CODE ENDS
       （a）向前转移                          （b）向后转移
```

图 3.1　段内直接转移示例

转移距离是指目标指令地址与转移起点地址的差值（或偏移量）；转移起点实际上是程序中排在转移指令之后的那条指令（因为 CPU 取出转移指令后，IP 即指向了其下一条指令）。根据转移距离的不同，段内直接转移又有近距离转移与短距离转移之分。近距离转移是指转移距离在-32768～+32767 字节，其转移范围可以覆盖整个代码段，是 JMP 指令默认的转移距离（例 3.15 中采用的就是近距离转移）；短距离转移是指转移距离在-128～+127 字节，JMP 指令进行短距离转移时，需要将属性运算符 SHORT 作用于目标指令的标号，如

```
        JMP   SHORT   LBL3
```

短距离转移的指令代码比近距离转移少一个字节。

2．段内间接寻址方式

这种寻址方式下，转移指令与目标指令也在同一个代码段内。与段内直接寻址方式不同的是，其转移目标指令的偏移地址取自一个 16 位寄存器或主存一个字存储单元，如

```
        JMP   BX                 ;以 BX 寄存器的内容为目标指令的偏移地址
        JMP   WORD PTR [SI]      ;以寄存器间接寻址方式读取数据段内一个字作为转移目标地址
```

段内间接寻址方式均为近距离转移。

3．段间直接寻址方式

这种寻址方式的特点是：转移指令与目标指令在不同的代码段内，且用

```
        FAR   PTR   目标指令标号
```

的形式描述转移地址。

由于是在不同的代码段内转移，所以转移指令将根据目标指令标号的段地址属性修改 CS，同时根据其偏移地址属性修改 IP。

【例 3.16】 段间直接转移示例

```
…
CSEG1  SEGMENT
ASSUME  CS:CSEG1, …
…
    JMP  FAR  PTR  FLBL
…
CSEG1  ENDS
…
CSEG2  SEGMENT
ASSUME  CS:CSEG2, …
…
FLBL: MOV  AX,BX
…
CSEG2  ENDS
…
```

4．段间间接寻址方式

这种寻址方式从主存两个连续的字存储单元中获取转移目标指令的地址，并用地址较低的字单元的内容修改 IP，用地址较高的字单元的内容修改 CS，从而实现段间转移。例如：

```
JMP  DWORD  PTR [BX]
```

该指令用寄存器间接寻址方式读取数据段内一个双字，并用其中的低 16 位修改 IP，高 16 位修改 CS。又如

```
JMP  ADDR  ;ADDR 为双字类型变量
```

该指令用双字类型变量 ADDR 的低 16 位修改 IP，高 16 位修改 CS。

3.3　指令系统

本节介绍 8086 指令系统的常用指令。在描述指令格式时，对二地址指令，以 DST 表示目的操作数，SRC 表示源操作数；对一地址指令，以 OPR 表示操作数。

3.3.1　数据传送类指令

数据传送类指令用于在寄存器之间、寄存器与存储单元之间或 CPU 与 I/O 端口之间传送信息，传送的信息为数据或地址。

1. MOV 指令

指令格式：MOV　DST,SRC

指令功能：DST←(SRC)。

MOV 指令是最常用的数据传送指令，其传送对象可以是数据，也可以是地址，如

```
MOV  AX,BX            ; AX←(BX)
MOV  [BX],AL          ; [BX]←(AL)
MOV  BX,OFFSET VAR1   ; BX←VAR1 变量的偏移地址
```

MOV 指令中，源操作数 SRC 可以采用寄存器寻址、立即寻址及各种存储器寻址方式，目的操作数 DST 则可以采用寄存器寻址和各种存储器寻址方式。

使用 MOV 指令时必须注意：

（1）DST 和 SRC 的数据类型必须一致。例如，下列指令是错误的

```
MOV  AL,BX      ; 两个寄存器位数不一致
MOV  AL,300     ; 立即数 300 已超过 8 位二进制数的数据表示范围
MOV  AX,-32800  ; 立即数-32800 已超过 16 位带符号二进制数的数据表示范围
```

若设 VAR1 为字类型变量，VAR2 为字节类型变量，则下列指令也是错误的

```
MOV  DL,VAR1      ; VAR1 为字类型变量，而 DL 为 8 位寄存器
MOV  VAR2,045CH   ; VAR2 为字节类型变量，而立即数 045CH 超过 8 位
```

此外，DST 和 SRC 中至少有一个具有明确的数据类型。例如，下列指令是错误的

```
MOV  [BX],32H  ; 立即数 32H 和寄存器间接寻址[BX]都不明确数据类型
```

（2）DST 和 SRC 不能同时采用存储器寻址方式，即不能直接在两个存储单元之间传送数据。例如，下列指令是错误的

```
MOV  DS:[0600H],[BX]
MOV  [BX],[SI+20H]
MOV  VAR3,[SI]  ; VAR3 为变量
MOV  VAR4,VAR5  ; VAR4 和 VAR5 为同类型变量
```

（3）DST 不能为 CS。因为随意改变代码段寄存器 CS，会使程序无法正常运行。

（4）DST 为段寄存器（CS 除外）时，SRC 不能为立即数或段寄存器。

例如，下列指令是错误的

```
MOV  DS,2000H
MOV  ES,D3
```

【例 3.17】　要将字节类型变量 VAR5 的数据传送给字节类型变量 VAR4，可用以下指令序列

```
MOV  AL,VAR5
MOV  VAR4,AL
```

说明：因为不能直接在两个变量之间传送数据，所以使用一个寄存器进行中转。

【例 3.18】　设数据段段名为 DSEG，要将数据段段地址传送给 DS，可用以下指令序列

```
MOV  AX,DSEG
MOV  DS,AX
```

说明：段名具有段地址属性，但直接使用段名相当于使用立即数，不能直接传送给 DS，因此要用一个 16 位寄存器进行中转。

【例 3.19】 将字类型变量 VAR6 的高位字节修改为 34H，可用以下指令

```
MOV  BYTE  PTR VAR6+1,34H
```

说明：变量 VAR6 为字类型，但所做的传送操作要求是字节类型，所以要用 BYTE PTR 重新指定目的操作数的访问类型。

2. XCHG 指令

指令格式：XCHG OPR1,OPR2

指令功能：将操作数 OPR1 和 OPR2 的内容互换。

XCHG 指令中，OPR1 和 OPR2 互为源操作数和目的操作数，均可采用寄存器寻址方式及各种存储器寻址方式，但不能采用立即寻址方式。例如：

```
XCHG  AX,BX       ; 将 AX 和 BX 寄存器的内容互换
XCHG  AL,DAT1     ; 将 AL 寄存器和字节类型变量 DAT1 的内容互换
XCHG  [SI],DL     ; 将数据段内偏移地址为[SI]的存储单元与 DL 寄存器的内容互换
```

使用 XCHG 指令时必须注意：

（1）OPR1 和 OPR2 的数据类型必须一致。

例如，下列指令是错误的

```
XCHG  AL,BX
XCHG  DX,VAR7  ; 设 VAR7 为字节类型变量
```

（2）XCHG 指令只能在通用寄存器之间，或在通用寄存器与存储单元之间交换数据。

例如，下列指令是错误的

```
XCHG  AX,DS   ; 指令中使用了段寄存器 DS
XCHG  AL,56H  ; 有操作数采用了立即寻址方式
```

若设 VAR8、VAR9 和 VAR10 均为变量，则以下指令也是错误的

```
XCHG  VAR8,VAR9    ; 两个操作数都用了存储器寻址方式
XCHG  VAR10,[DI]   ; 两个操作数都用了存储器寻址方式
```

【例 3.20】 要交换字节类型变量 VAR8 和 VAR9 的数据，可用以下指令序列

```
MOV    AL,VAR8
XCHG   AL,VAR9
MOV    VAR8,AL
```

3. LEA 指令

指令格式：LEA DST, SRC

指令功能：DST←SRC 的偏移地址。

　　LEA 是一条传送地址信息的指令，它将 SRC 的偏移地址传送给 DST。其中，SRC 必须是存储器寻址方式，而 DST 必须是除段寄存器外的 16 位寄存器。

　　【例 3.21】　要将变量 VAR11 的有效地址传送给 BX 寄存器，可用以下指令

```
LEA  BX,VAR11  ; 将变量 VAR11 的偏移地址传送给 BX
```

　　【例 3.22】　设(BX)=0220H，则指令

```
LEA  SI,[BX+6]  ; 将[BX+6]的偏移地址传送给 SI
```

执行后，(SI)=(BX)+6=0220H+6=0226H。

　　当 SRC 为变量或标号（或其地址表达式）时，LEA 指令的功能与指令

```
MOV  DST,OFFSET  SRC
```

是等效的。例如，例 3.21 中的指令等效于

```
MOV  BX,OFFSET  VAR11
```

　　注意：例 3.22 中的指令不能等效于

```
MOV  SI,OFFSET  [BX+6]
```

因为 OFFSET 运算符是作用于汇编过程的，而在汇编时，BX 寄存器的内容是未知的，地址表达式[BX+6]没有确定的值。

4. XLAT 指令

　　指令格式：XLAT

　　指令功能：AL←((BX)+(AL))。

　　段寄存器固定使用 DS，即以(BX)+(AL)为偏移地址访问数据段，读取一个字节数据传送给 AL。显然，该指令的操作数采用隐含寻址方式。

　　XLAT 指令通常用于在一个字节数据表中查找所需的元素，所以也称为查表指令。字节数据表定义在数据段中。使用该指令前，需将表首的偏移地址置于 BX 中，将待查数据元素的序号（从 0 开始）置于 AL 中，然后执行该指令查表，查到的数据元素存入 AL。

　　【例 3.23】　下面的数据段内定义了一个数字符'0' ~ '9'的 ASCII 码表

```
DSEG SEGMENT
    TABLE DB  30H,31H,32H,33H,34H,35H,36H,37H,38H,39H ; 数字符 ASCII 码表
DSEG ENDS
```

试编写指令序列，用 XLAT 指令查出数字符'3'的 ASCII 码。

　　解：指令序列编写如下：

```
MOV  AX,DSEG   ; 将数据段段地址传送给 AX
MOV  DS,AX     ; 设置数据段寄存器 DS
LEA  BX,TABLE  ; 将 ASCII 码表表首偏移地址置入 BX
MOV  AL,3      ; 将待查元素的序号置入 AL
XLAT           ; 查表，并将查到的数据元素存入 AL
```

该指令序列执行后，(AL)=33H，即数字符'3'的 ASCII 码。

5．PUSH 和 POP 指令

PUSH 和 POP 分别是堆栈的进栈和出栈操作指令。

堆栈建立在主存中，是一块按"后进先出"的规则存取数据的存储区域，如图 3.2(a) 所示。堆栈区的高地址端称为栈底，低地址端称为栈顶；整个堆栈区类似于一个底部封闭，而顶端开口的容器，数据的存入和取出只能在开口的栈顶端进行。向堆栈存入数据时，先进入堆栈的数据落在下面，而后进入的数据则堆在上面；从堆栈取出数据时，总是先取出堆放在最上面的（即最后存入堆栈的）数据，然后再依次取出下面的数据，这就是所谓的"后进先出"。要实现堆栈的"后进先出"，必须随时掌握当前堆栈中最上面的数据元素（称为栈顶元素）所在的位置，为此，CPU 中特设一个堆栈指针动态跟踪栈顶元素的位置。存数时，堆栈指针向上移动，指向新元素；取数时，将堆栈指针指向的数据元素取出，然后堆栈指针向下移动，以下面的一个元素作为新的栈顶元素。图 3.2(b) 所示为向堆栈依次存入 11、22、33 三个数据元素之后的堆栈状态，图 3.2(c) 所示为取出栈顶元素 33 后，堆栈的状态。当堆栈中没有数据元素时，称为"栈空"状态，此时堆栈指针位于栈底的下方，如图 3.2(d) 所示；当堆栈区被数据元素充满时，称为"栈满"状态，如图 3.2(e) 所示。在栈空状态下从堆栈取数，或在栈满状态下向堆栈存数，都会引起堆栈"溢出"错误，前者称为"下溢"，后者称为"上溢"。

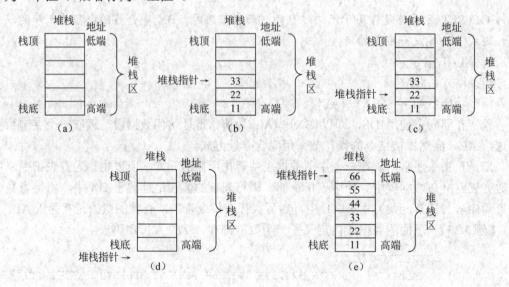

图 3.2　堆栈

对 8086 系统，程序中所用的堆栈由堆栈段定义（见第 2 章 2.3.2 节及例 2.5），堆栈段寄存器为 SS（存放堆栈段的段地址），堆栈指针为 16 位寄存器 SP（存放栈顶元素的偏移地址），数据进栈与出栈均以字为单位进行。

1）PUSH 指令

指令格式：PUSH   OPR

指令功能：将字类型操作数 OPR 存入堆栈（即进栈）。

PUSH 指令的操作可表示为以下两步：SP←(SP)-2；(SP)←OPR。其中，第一步是将堆栈指针向上移动，指向当前栈顶元素上方的一个字单元位置，准备接收新的数据；第二步是将字类型数据 OPR 存入堆栈指针指向的字单元。由于进栈操作以字为单位进行,所以,堆栈指针要向上移动两个字节(即两个存储单元)。

PUSH 指令中的操作数 OPR 可以采用寄存器寻址方式和所有存储器寻址方式,但不能用立即寻址方式(即不能直接将立即数进栈)。例如:

```
PUSH  AX    ; 将 AX 寄存器的内容进栈
PUSH  CS    ; 将 CS 段寄存器的内容进栈
PUSH  DAT3  ; 将字类型变量 DAT3 的内容进栈
PU3H  [DX]  ; 按[BX]寄存器间接寻址方式,从数据段取一个字存入堆栈
```

上述第四条指令中,虽然寄存器间接寻址方式[BX]不具有类型属性,但由于 PUSH 指令只按字类型操作,所以将[BX]默认为字类型属性。

使用 PUSH 指令需要注意的是:OPR 必须为字类型。例如,以下指令是错误的

```
PUSH  AL  ; AL 为 8 位寄存器
```

如设 DAT4 为字节类型变量,则以下指令也是错误的

```
PUSH  DAT4
```

2)POP 指令

指令格式: POP OPR

指令功能:将栈顶元素取出并存入字类型操作数 OPR(即出栈)。

POP 指令的操作可表示为以下两步:OPR←((SP));SP←(SP)+2。其中,第一步是将堆栈指针指向的栈顶元素取出并存入 OPR;第二步是将堆栈指针向下移动一个字(两个字节),指向新的栈顶元素(即原栈顶元素下面的一个元素)。

POP 指令中的操作数 OPR 可采用寄存器寻址方式和所有存储器寻址方式。例如:

```
POP  AX     ; 将栈顶元素取出并存入 AX 寄存器
POP  DS     ; 将栈顶元素取出并存入 DS 段寄存器
POP  DAT3   ; 将栈顶元素取出并存入字类型变量 DAT3
POP  [SI+2] ; 将栈顶元素取出并存入按[SI+2]相对寻址方式指定的一个字单元
```

使用 POP 指令需要注意:

(1)OPR 必须为字类型。

(2)OPR 不能为代码段寄存器 CS。

【例 3.24】 要将段寄存器 CS 的内容传送给段寄存器 DS,可用以下指令序列

```
PUSH  CS
POP  DS
```

【例 3.25】 设数据段内定义有如下字类型数组:

```
DAT DW 1111H,2222H,3333H,4444H
```

试编写指令序列,将该数组的元素排列次序颠倒过来。

解:可利用堆栈的"后进先出"特性来实现该操作,指令序列编写如下:

```
PUSH  DAT  ; 将 1111H 进栈
```

```
PUSH  DAT+2  ; 将 2222H 进栈
PUSH  DAT+4  ; 将 3333H 进栈
PUSH  DAT+6  ; 将 4444H 进栈
POP   DAT    ; 将 4444H 出栈，并存入偏移地址 DAT 处
POP   DAT+2  ; 将 3333H 出栈，并存入偏移地址 DAT+2 处
POP   DAT+4  ; 将 2222H 出栈，并存入偏移地址 DAT+4 处
POP   DAT+6  ; 将 1111H 出栈，并存入偏移地址 DAT+6 处
```

6. IN 和 OUT 指令

IN 和 OUT 指令是 8086 系统的输入和输出指令。

输入/输出指令（简称 I/O 指令）用于在 CPU 与输入/输出设备之间传送数据。如 1.3.3 节所述，输入/输出实际上是 CPU 与 I/O 端口之间的数据传送操作，8086 系统的 I/O 端口均为 8 位寄存器。I/O 端口通过端口地址进行访问，8086 CPU 支持 16 位的 I/O 端口地址，因此，I/O 端口地址的编址范围是 0000H~0FFFFH。

在 I/O 指令中，端口地址有两种寻址方式：直接寻址方式和间接寻址方式。直接寻址方式是在 I/O 指令中直接描述所需访问的 I/O 端口地址，但只有地址在 000H~0FFH 间的端口能使用直接寻址方式。间接寻址方式是在 I/O 指令中用 DX 寄存器的内容作为 I/O 端口地址，适用于整个 I/O 端口地址范围。

1) IN 指令

指令格式有四种：

```
IN  AL,PORT    ; 直接寻址方式，PORT 为端口地址
IN  AL,DX      ; 间接寻址方式，DX 的内容为端口地址
IN  AX,PORT    ; 直接寻址方式，PORT 为端口地址
IN  AX,DX      ; 间接寻址方式，DX 的内容为端口地址
```

IN 指令是输入指令，其功能是将 I/O 端口的数据传送到 AL 或 AX 寄存器。以上四种指令格式中，前两种格式是单端口输入指令，其功能是将指定端口的数据传送到 AL 寄存器；后两种格式是双端口输入指令，其功能是将地址连续的两个端口的数据传送给 AX 寄存器，其中，地址较小的端口传送给 AL，地址较大的端口传送给 AH，指令中给出的端口地址是其中较小的端口地址。

【例 3.26】 要从 61H 端口输入数据，可用以下指令

```
IN  AL,61H  ; 直接寻址方式，PORT=61H
```

【例 3.27】 要从 61H 和 62H 两个端口输入数据，可用以下指令

```
IN  AX,61H  ; 直接寻址方式，PORT=61H，指向地址较小的端口
```

该指令执行后，61H 端口的数据传送到 AL，62H 端口的数据传送到 AH。

【例 3.28】 要从 300H 端口输入数据，可用以下指令序列

```
MOV DX,300H
IN  AL,DX  ; 间接寻址方式，DX 的内容（300H）为端口地址
```

由于端口地址 300H 超过了可直接寻址的端口地址范围，所以只能用间接寻址方式。

2）OUT 指令

指令格式有四种：

```
OUT  PORT,AL    ; 直接寻址方式，PORT 为端口地址
OUT  DX,AL      ; 间接寻址方式，DX 的内容为端口地址
OUT  PORT,AX    ; 直接寻址方式，PORT 为端口地址
OUT  DX,AX      ; 间接寻址方式，DX 的内容为端口地址
```

OUT 指令是输出指令，其功能是将 AL 或 AX 寄存器中的数据传送到 I/O 端口。与 IN 指令类似，OUT 指令也有单端口输出与双端口输出两种格式，此处不再赘述。

【例 3.29】　要将 AL 寄存器的数据输出到 42H 端口，可用以下指令

```
OUT  42H,AL  ; 直接寻址方式，PORT=42H
```

【例 3.30】　要将 AL 寄存器的数据输出到 303H 端口，可用以下指令序列

```
MOV  DX,303H
OUT  DX,AL  ; 间接寻址方式，DX 的内容（303H）为端口地址
```

【例 3.31】　以下指令将 AL 中的数据输出到 41H 端口，AH 中的数据输出到 42H 端口

```
OUT  41H,AX  ; 直接寻址方式，PORT=41H
```

I/O 指令一般很少直接用于普通程序中。普通程序中的输入/输出一般通过调用操作系统提供的 I/O 例程（如 DOS 系统功能调用和 BIOS 功能调用）来完成，只有直接用于 I/O 接口控制的程序中会比较多地使用 I/O 指令。

7. 其他传送指令

除以上介绍的几种传送指令外，还有一些使用频率很低的传送指令，下面简单分类列出这些指令。

1）完整逻辑地址传送指令

LDS 指令：将段地址送入 DS，偏移地址送入指定的 16 位寄存器。

LES 指令：将段地址送入 ES，偏移地址送入指定的 16 位寄存器。

2）标志传送指令

LAHF 指令：将标志寄存器的低 8 位存入 AH。

SAHF 指令：将 AH 的内容存入标志寄存器的低 8 位。

PUSHF 指令：将标志寄存器的内容入栈。

POPF 指令：将栈顶元素取出并存入标志寄存器。

3.3.2　算术运算类指令

算术运算类指令用于完成数据的加、减、乘、除运算，以及数据的增量、减量、比较等需要用算术运算来完成的操作。

1. 加法类指令

1）ADD 指令

指令格式：ADD　DST,SRC

指令功能：DST←(DST)+(SRC)。

ADD 指令执行常规加法运算，其目的操作数 DST 可采用寄存器寻址方式和所有存储器寻址方式，源操作数 SRC 可采用寄存器寻址方式、立即寻址方式和所有存储器寻址方式。如

```
ADD  AL,BL            ; AL←(AL)+(BL)
ADD  DX,50            ; DX←(DX)+50
ADD  [BX+20H],AX      ; [BX+20H]←([BX+20H])+(AX)
ADD  VAR12,1094H      ; VAR12←(VAR12)+1094H，VAR12 为字类型变量
```

ADD 指令对所有条件标志（CF、ZF、AF、SF、OF、PF，见 1.3.1 节）均有影响（即指令执行后，所有条件标志均会根据执行结果进行设置）。

【例 3.32】 设(AL)=76H，(DL)=0C5H，分析以下指令的执行结果，并指出其对各条件标志的影响。

```
ADD  AL,DL
```

分析：该指令将 AL 寄存器的内容（76H）与 DL 寄存器的内容（0C5H）相加，其和存入 AL 寄存器。运算过程如下：

$$
\begin{array}{rll}
 & 0111\underline{0}110 & 76H \\
+ & 11000\underline{0}101 & 0C5H \\
\hline
\boxed{1} & 00111011 & 3BH
\end{array}
$$

由此可知，该指令的执行结果为(AL)=3BH。从运算结果看，最高位上产生了进位 $\boxed{1}$，因此 CF=1；第 3 位（式中带下画线的位）未产生进位，故 AF=0；运算结果（3BH）不为 0，所以 ZF=0；运算结果中的最高位（对带符号数而言，为符号位）为 0，故 SF=0；如将式中两数视为带符号数的补码，则为异号数相加，其和不会溢出，所以 OF=0；运算结果的 8 位二进制数中，共有 5 个 1，5 为奇数，故 PF=0。

使用 ADD 指令时还必须注意：

（1）DST 和 SRC 的数据类型必须一致。

例如，下列指令是错误的

```
ADD  AL,BX           ; AL 与 BX 位数不一致
ADD  AL,300          ; AL 为 8 位寄存器，而立即数 300 已超过 8 位
```

若设 VAR1 为字类型变量，VAR2 为字节类型变量，则下列指令也是错误的

```
ADD  DL,VAR1          ; VAR1 为字类型变量，而 DL 为 8 位寄存器
ADD  VAR2,045CH       ; VAR2 为字节类型变量，而立即数 045CH 超过 8 位
```

此外，DST 和 SRC 中至少需要有一个具有明确的数据类型。例如，下列指令是错误的

```
ADD  [BX],32H  ; 立即数 32H 和寄存器间接寻址[BX]都不明确数据类型
```

（2）DST 和 SRC 不能同时采用存储器寻址方式，即不能直接将两个存储单元的数据相加。

例如，下列指令是错误的

```
ADD [BX],[SI+20H]
ADD VAR17,[SI]  ; VAR17 为变量
ADD D1,D2  ; D1 和 D2 为同类型变量
```

（3）DST 和 SRC 均不能为段寄存器。

例如，下列指令是错误的

```
ADD DS,2000H
ADD AX,ES
```

【例 3.33】 设(DS)=2000H，(20130H)=0A8H，(20131H)=69H。分析以下指令序列执行后，AX 寄存器的内容。

```
MOV BX,0130H
MOV AX,4587H
ADD AX,[BX]
```

分析：在 ADD 指令中，源操作数采用寄存器间接寻址方式，以 BX 寄存器的内容 0130H 为偏移地址，段寄存器默认为 DS，所以，形成的物理地址为

$$20000H+0130H=20130H$$

由于目的操作数为 16 位寄存器 AX 的内容（4587H），因此，源操作数应是由 20130H 单元和 20131H 单元组成的一个字 69A8H，所以，ADD 指令执行后 AX 寄存器的内容为

$$(AX)=4587H+69A8H=0AF2FH$$

【例 3.34】 设数据段内有数组定义如下：

```
ARY DW 67H,0C35H,?
```

试编写指令序列，实现将该数组前两个元素（即 67H 和 0C35H）相加，其和存入数组第三个元素位置（即用?号定义的元素位置）。

解：指令序列编写如下：

```
MOV AX,ARY      ; 取第一个元素到 AX
ADD AX,ARY+2    ; 将第一个元素与第二个元素相加，其和存入 AX
MOV ARY+4,AX    ; 将和存入数组第三个元素位置
```

需要指出的是，ADD 指令在执行时不区分无符号数和有符号数，需要编程者自己注意这两类数的表示范围。例如，执行以下指令序列

```
MOV AL,95      ; 95=5FH
ADD AL,68      ; 68=44H
```

可得运算结果(AL)=0A3H，如果当作无符号数运算，则运算结果(AL)=0A3H=163 是正确的；如果当作有符号数运算，则运算结果溢出（即 OF=1），因为 95+68=163 已超过 8 位补码的数据表示范围，而 0A3H 是-93 的补码，计算机会将运算结果当作-93，从而产生错误。

此外，无符号数相加没有溢出概念，代之以最高进位（CF）概念，有符号数运算则有

溢出（OF）概念，而无最高进位概念。例如，以下指令序列采用无符号数进行运算

```
MOV  AL,132  ; 132=84H
ADD  AL,153  ; 153=99H
```

则执行后，(AL)=1DH=29，CF=1，计算机并不认为运算结果有错，只是产生了最高进位而已。如果需要，还可对最高进位做进一步处理。

2）ADC 指令

指令格式：**ADC　DST, SRC**

指令功能：DST←(DST)+(SRC)+CF。

ADC 指令称为带进位加法指令，即在普通加法的基础上再加上此前的指令所产生的 CF 标志值。该指令主要用于多字节数相加。

【例 3.35】 编写指令序列，完成两个 32 位数相加：20008A04H+23459D00H。

解：8086 的 ADD 指令最多只能进行 16 位数的加法运算，无法直接完成 32 位数相加。为此，可将 32 位数分成低 16 位和高 16 位两部分，先对低 16 位部分相加，然后再对高 16 位部分相加，只是在做高 16 位部分相加时，必须把低 16 位部分相加所产生的最高进位（即 CF）一起加上去。指令序列如下：

```
MOV  AX,8A04H    ;被加数的低 16 位存入 AX
MOV  DX,2000H    ;被加数的高 16 位存入 DX
MOV  CX,9D00H    ;加数的低 16 位存入 CX
MOV  BX,2345H    ;加数的高 16 位存入 BX
ADD  AX,CX       ;低 16 位部分相加，和存入 AX，最高进位进入 CF
ADC  DX,BX       ;高 16 位部分相加（带 CF），和存入 DX
```

执行后，运算结果的低 16 位（2704H）存于 AX，高 16 位（4346H）存于 DX，即 (DX:AX)=43462704H。

【例 3.36】 设 ARRY 是数据段内的一个字节类型无符号数数组，其定义如下：

```
ARRY  DB  76H,0B5H,62H,9CH,0A8H
```

请编写指令序列，将 ARRY 数组的各元素求和。

解：虽然数组元素为字节类型，但其和可能会超过 8 位。因此，只有处理好求和过程中产生的最高进位，才能得到正确的求和结果。

求和采用累加法，指令序列如下：

```
MOV  AX,0  ;元素和可能超过 8 位，因此用 16 位寄存器 AX 存放元素和
MOV  AL,ARRY
ADD  AL,ARRY+1  ;将数组头两个元素相加，和存入 AL，最高进位进入 CF
ADC  AH,0  ;将前面求和产生的最高进位加到 AH 中。下面的处理过程类似
ADD  AL,ARRY+2
ADC  AH,0
ADD  AL,ARRY+3
ADC  AH,0
ADD  AL,ARRY+4
ADC  AH,0  ;运算结束，元素和存于 AX 中
```

3）INC 指令

指令格式：`INC OPR`

指令功能：OPR←(OPR)+1。

INC 指令也称加 1 指令，常用于计数和修改地址指针。例如，可将例 3.36 中的指令序列改写如下：

```
MOV   AX,0        ;元素和可能超过 8 位，因此用 16 位寄存器 AX 存放元素和
LEA   SI,ARRY     ;取数组首地址存入 SI，SI 即为数组元素的地址指针
MOV   AL,[SI]     ;取数组首元素存入 AL
INC   SI          ;地址指针加 1，指向下一个元素
ADD   AL,[SI]     ;将数组头两个元素相加，和存入 AL，最高进位进入 CF
ADC   AH,0        ;将前面求和产生的最高进位加到 AH 中。下面的处理过程类似
INC   SI
ADD   AL,[SI]
ADC   AH,0
INC   SI
ADD   AL,[SI]
ADC   AH,0
INC   SI
ADD   AL,[SI]
ADC   AH,0        ;运算结束，元素和存于 AX 中
```

当然，如果采用循环结构，上述操作的指令序列可以编写得更加精练。

使用 INC 指令时必须注意：

（1）OPR 不能为立即数或段寄存器。例如，下列指令是错误的

```
INC  25
INC  DS
```

（2）OPR 必须有明确的数据类型。例如，下列指令是错误的

```
INC  [BX]    ;[BX]只能描述一个存储单元的地址，但不能说明访存的数据类型
INC  [SI+5]  ;[SI+5]只能描述一个存储单元的地址，但不能说明访存的数据类型
```

（3）INC 指令不影响 CF，但影响其他状态标志。

所谓不影响 CF 标志，是指 INC 指令不改变 CF 标志的状态。

2．减法类指令

1）SUB 指令

指令格式：`SUB DST,SRC`

指令功能：DST←(DST)−(SRC)。

SUB 指令执行常规的减法运算，其在使用上的要求与 ADD 指令完全相同。

需要注意的是，执行 SUB 指令后，CF 标志记录最高位上产生的借位。

【例 3.37】 设(AL)=76H，(DL)=0C5H，分析以下指令的执行结果。

```
SUB  AL,DL
```

分析：该指令将 AL 寄存器的内容（76H）与 DL 寄存器的内容（0C5H）相减，其差存入 AL 寄存器。运算过程如下：

$$
\begin{array}{rl}
& 0111\underline{0}110 \quad 76H \\
- & 1100\underline{0}101 \quad 0C5H \\
\hline
& 10110001 \quad 0B1H
\end{array}
$$

由此可知，该指令的执行结果为：(AL)=0B1H。从运算过程看，最高位上产生了借位，因此 CF=1。

2）SBB 指令

指令格式：SBB   DST,SRC

指令功能：DST←(DST)-(SRC)-CF。

SBB 指令称为带借位减法指令，即在普通减法的基础上再减去此前的指令所产生的 CF 标志值。该指令用于多字节数相减。

【例 3.38】 编写指令序列，完成两个 32 位数相减：20008A04H-23459D00H。

解：8086 的 SUB 指令最多只能进行 16 位数的减法运算，无法直接完成 32 位数相减。为此，可将 32 位数分成低 16 位和高 16 位两部分，先对低 16 位部分相减，然后再对高 16 位部分相减，只是在做高 16 位部分相减时，必须把低 16 位部分相减所产生的最高借位（即 CF）一起减去。指令序列如下：

```
MOV   AX,8A04H    ;被减数的低 16 位存入 AX
MOV   DX,2000H    ;被减数的高 16 位存入 DX
MOV   CX,9D00H    ;减数的低 16 位存入 CX
MOV   BX,2345H    ;减数的高 16 位存入 BX
SUB   AX,CX       ;低 16 位部分相减，差存入 AX，最高借位进入 CF
SBB   DX,BX       ;高 16 位部分相减（带 CF），差存入 DX
```

执行后，运算结果的低 16 位（0ED04H）存于 AX，高 16 位（0FCBAH）存于 DX，即 (DX:AX)=0FCBAED04H。

3）DEC 指令

指令格式：DEC   OPR

指令功能：OPR←(OPR)-1。

DEC 指令也称减 1 指令，常用于计数和修改地址指针。

DEC 指令在使用上的要求与 INC 指令完全相同。相对于 INC 指令的顺计数，DEC 指令的倒计数在汇编语言程序设计中用得更多（如循环计数）。

4）CMP 指令

指令格式：CMP   DST,SRC

指令功能：(DST)-(SRC)。

CMP 指令称为比较指令。CMP 指令执行一次减法运算，影响全部状态标志，但不保存运算结果。它在使用上的要求与 SUB 指令完全相同。

CMP 指令用于比较数据的大小，但其本身并不能完成这种比较，它只是通过设置各种条件标志来为实际的比较提供条件（实际的比较由专门的指令完成，见 3.3.5 节）。如对于两个无符号数 DST 和 SRC，若执行 CMP 指令后 CF=1，则可断定 DST 小于 SRC；若执行 CMP 指令后 ZF=1，则可断定 DST 等于 SRC。

5）NEG 指令

指令格式：`NEG  OPR`

指令功能：OPR←0-(OPR)。

NEG 指令也称求补指令，用于求有符号数（以补码表示）的相反数，各状态标志按 0-(OPR)运算来设置。OPR 不能为立即数或段寄存器，且必须有明确的数据类型。

3. 乘法类指令

1）MUL 指令

指令格式：`MUL  SRC  ；SRC 为乘数，被乘数隐含`

指令功能：MUL 为无符号数乘法指令。当 SRC 为字节类型数据时，被乘数默认为 AL，乘积存于 AX；当 SRC 为字类型数据（16 位）时，被乘数默认为 AX，乘积存于 DX:AX（即乘积的高 16 位存于 DX，低 16 位存于 AX）。例如：

```
MUL  BL  ; AX←(AL)×(BL)
MUL  CX  ; DX:AX←(AX)×(CX)
```

使用 MUL 指令时必须注意：

（1）SRC 不能为立即数或段寄存器。例如，下列指令是错误的

```
MUL  25
MUL  DS
```

（2）SRC 必须有明确的数据类型。例如，下列指令是错误的

```
MUL  [BX]    ;[BX]只能描述一个存储单元的地址，但不能说明访存的数据类型
MUL  [SI+5] ;[SI+5]只能描述一个存储单元的地址，但不能说明访存的数据类型
```

（3）MUL 指令影响 CF 和 OF 标志，对其他条件标志无定义（即指令执行后，这些条件标志的状态不确定）。对字节乘法，若乘积的有效数字不超过 8 位，或对字乘法，乘积的有效数字不超过 16 位，则 CF=OF=0，否则 CF=OF=1。

【例 3.39】 编写指令序 1 列，完成无符号数乘法运算 345×60。

解： 由于被乘数 345 已超过 8 位，所以应按字类型乘法计算。指令序列如下：

```
MOV  AX,345 ;被乘数必须存于 AX
MOV  BX,60
MUL  BX     ;乘积(DX:AX)=20700
```

2）IMUL 指令

指令格式：`IMUL  SRC  ；SRC 为乘数，被乘数隐含`

指令功能：IMUL 为有符号数乘法指令，其在用法上与 MUL 指令相同。

4. 除法类指令

1）DIV 指令

指令格式：DIV SRC ；SRC 为除数，被除数隐含

指令功能：DIV 为无符号数除法指令。当 SRC 为字节类型数据时，被除数默认为 AX，商存于 AL，余数存于 AH；当 SRC 为字类型数据（16 位）时，被除数默认为 DX:AX（即被除数的高 16 位存于 DX，低 16 位存于 AX），商存于 AX，余数存于 DX。可见，被除数的位数是除数位数的两倍，且商和余数的位数均与除数位数相同。例如：

```
DIV  BL  ; (AX)÷(BL)，商存于 AL，余数存于 AH
DIV  CX  ; (DX:AX)÷(CX)，商存于 AX，余数存于 DX
```

使用 DIV 指令时必须注意：

（1）SRC 不能为立即数或段寄存器。

（2）SRC 必须有明确的数据类型。

（3）当商超过指定寄存器的数据表示范围时，产生"除法溢出"错误，系统将报告错误信息，并中止程序执行。例如，以下指令序列将产生"除法溢出"

```
MOV  AX,5000     ;被除数 5000 存入 AX
MOV  BL,2        ;除数 2 存入 BL
DIV  BL          ;商为 2500，超过 AL 寄存器的数据表示范围，产生"除法溢出"错误
```

"除法溢出"属于严重的软件错误，是使用除法指令时需要特别注意的问题。

（4）DIV 指令对所有条件标志无定义。

【例 3.40】 编写指令序列，完成无符号数除法运算 5000÷2。

解：5000÷2 的商为 2500，为避免"除法溢出"，商要用 16 位表示。所以，本例中的除数 2 要用 16 位表示，而被除数 5000 要用 32 位表示。指令序列如下：

```
MOV  AX,5000     ;被除数的低 16 位存入 AX
MOV  DX,0        ;被除数的高 16 位存入 DX
MOV  BX,2        ;除数存入 BX
DIV  BX          ;商(AX)=2500，余数(DX)=0
```

2）IDIV 指令

指令格式：IDIV SRC ；SRC 为除数，被除数隐含

指令功能：IDIV 为有符号数除法指令，其在用法上与 DIV 指令相同。

对有符号数除法，余数的符号与被除数符号相同。

5. 符号扩展指令

此类指令用于有符号数（补码）的位数扩展，以满足有符号数运算对数据位数的要求。

1）CBW 指令

指令格式：CBW ； 隐含操作数为 AL

指令功能：将 AL 中的有符号数扩展到 AX 中（即将 8 位有符号数扩展为 16 位）。该指令实际上是将 AL 的符号位扩展到 AH 中，故称"符号扩展"。符号扩展扩展了有符号数的位数，但不改变数的值。

【例 3.41】　分析以下指令序列的执行结果

```
MOV  AL,10110110B  ;10110110B 是-74 的 8 位补码表示
CBW
```

分析： 以上指令序列将 AL 中的 8 位有符号数 10110110B 扩展成 16 位，并存入 AX。由于 AL 的最高位（即符号位）为 1，所以符号扩展后(AH)=11111111B，故执行结果是 (AX)=1111111110110110B。虽然符号扩展后数的位数增加了，但数的值并没有改变，也就是说，1111111110110110B 是-74 的 16 位补码表示。

2）CWD 指令

指令格式：**CWD**　;隐含操作数为 AX

指令功能：将 AX 中的有符号数扩展到 DX:AX 中（即将 16 位有符号数扩展成 32 位，且低 16 位存于 AX，高 16 位存于 DX）。该指令实际上是将 AX 的符号位扩展到 DX 中。

【例 3.42】　编写指令序列，完成有符号数运算(-4827)÷20。

解： 因(-4827)÷20 的商为-241，已超过 8 位有符号数（补码）的表示范围，为避免产生"除法溢出"错误，除数 20 必须用 16 位表示，被除数-4827 则用 32 位表示。指令序列如下：

```
MOV  AX,-4827
CWD            ;将被除数由 AX 扩展为 DX:AX
MOV  BX,20   ;除数 20 用 16 位表示
IDIV BX
```

执行后，商(AX)= -241，余数(DX)= -7。

CBW 和 CWD 指令只适用于有符号数的位数扩展，不能用于无符号数的位数扩展。无符号数的位数扩展只需在数的高位添 0 即可。

【例 3.43】　设 AL 中存有一个无符号数，将其扩展为 16 位数，并存于 AX 中。

解： 完成此操作只需执行以下指令即可

```
MOV  AH,0
```

6. BCD 码调整指令

BCD 码中的 8421 码可以用于计算，但其计算结果通常需要调整（修正）（见 1.2.2 节）。如果在使用前面介绍的算术运算指令进行计算时，采用的是以 8421 码表示的数据，则计算后，必须使用这组 BCD 码调整指令中的相应指令对计算结果进行调整。

1）压缩的 BCD 码调整指令

所谓压缩的 BCD 码，是指一个字节的高 4 位和低 4 位各表示一个 8421 码的表示方式。这种表示方式在一个字节中用 8421 码表示一个 2 位十进制数。

在用压缩的 BCD 码进行加、减运算后，需用下面的指令对计算结果进行调整。

DAA 指令：压缩 BCD 码加法调整指令。

DAS 指令：压缩 BCD 码减法调整指令。

2）非压缩的 BCD 码调整指令

所谓非压缩的 BCD 码，是指一个字节中只用其低 4 位表示一个 8421 码，而高 4 位无

效的表示方式。这种表示方式在一个字节中只用 8421 码表示一位十进制数。

在用非压缩的 BCD 码进行运算后，需用下面的指令对计算结果进行调整：

AAA 指令：非压缩 BCD 码加法调整指令。

AAS 指令：非压缩 BCD 码减法调整指令。

AAM 指令：非压缩 BCD 码乘法调整指令。

AAD 指令：非压缩 BCD 码除法调整指令。

3.3.3 逻辑运算与移位操作类指令

1. 逻辑运算类指令

逻辑运算是按位进行的，位与位之间不存在任何关联。

1）AND 指令

指令格式：AND   DST,SRC

指令功能：DST←(DST)∧(SRC)，∧代表"与"运算。

AND 指令是逻辑"与"运算指令。"与"运算规则可用式（3.1）描述。

$$0\wedge x=0, \quad 1\wedge x=x \quad (x=0,1) \tag{3.1}$$

AND 指令在使用上的要求与 ADD 指令完全相同，其影响条件标志 ZF、PF、SF、CF 和 OF，并对 CF 和 OF 清零。

【例 3.44】 设(AL)=11011010B，分析以下指令的执行结果及其对条件标志的影响。

```
AND  AL,01001001B
```

分析：该指令的执行情况可由下式描述

$$
\begin{array}{r}
11011010 \\
\wedge\quad 01001001 \\
\hline
01001000
\end{array}
$$

因此，该指令执行后，(AL)=01001000B，且 ZF=0（运算结果不为 0），SF=0（运算结果的最高位为 0），PF=1（运算结果中，1 的个数为偶数），CF=OF=0。

【例 3.45】 写出指令，将 AL 寄存器的第 2 位清零，其他位保持不变。

解：由式（3.1）可知，要使某位清零，就用 0 同该位相"与"；要使某位保持不变，用 1 跟该位相"与"。据此，可写出满足操作要求的指令如下：

```
AND  AL,0FBH  ; 0FBH=11111011B,最低位为第 0 位
```

2）OR 指令

指令格式：OR   DST,SRC

指令功能：DST←(DST)∨(SRC)，∨代表"或"运算。

OR 指令是逻辑"或"运算指令。"或"运算规则可用式（3.2）描述。

$$0\vee x=x, \quad 1\vee x=1 \quad (x=0,1) \tag{3.2}$$

OR 指令在使用上的要求以及对条件标志的影响与 AND 指令完全相同。

【例 3.46】 写出指令，将 AL 寄存器的第 0 位置 1，其他位保持不变。

解：由式（3.2）可知，要将某位置 1，就用 1 跟该位相"或"；要使某位保持不变，则用 0 跟该位相"或"。据此，可写出满足操作要求的指令如下：

```
OR  AL,01H ; 01H=00000001B
```

3）XOR 指令

指令格式：XOR DST,SRC

指令功能：DST←(DST)⊕(SRC)，⊕代表"异或"运算。

XOR 指令是逻辑"异或"运算指令。"异或"运算规则可用式（3.3）描述。

$$0 \oplus x = x, \quad 1 \oplus x = \bar{x} \quad (x=0,1) \tag{3.3}$$

XOR 指令在使用上的要求以及对条件标志的影响与 AND 指令完全相同。

【例 3.47】 写出指令，将 AL 寄存器的低 4 位取反，高 4 位不变。

解：由式（3.3）可知，要将某位取反，就用 1 跟该位相"异或"；要使某位保持不变，则用 0 跟该位相"异或"。据此，可写出满足操作要求的指令如下：

```
XOR  AL,0FH ; 0FH=00001111B
```

由式（3.3）可推知：$x \oplus x = 0(x=0,1)$。因此，可利用"异或"运算对寄存器清零，如

```
XOR  AX,AX ;将 AX 寄存器清零
```

这是寄存器清零的常用手段。需要注意的是，采用 XOR 指令对寄存器清零的同时，也会使 CF=0。

4）NOT 指令

指令格式：NOT OPR

指令功能：OPR←$\overline{(OPR)}$。

NOT 指令是逻辑"非"运算指令。"非"运算规则可用式（3.4）描述。

$$\bar{0}=1, \quad \bar{1}=0 \tag{3.4}$$

使用 NOT 指令时必须注意：

（1）OPR 不能为立即数或段寄存器。

（2）OPR 必须有明确的数据类型。

（3）NOT 指令不影响任何条件标志。

5）TEST 指令

指令格式：TEST DST, SRC

指令功能：(DST)∧(SRC)。

TEST 指令也执行逻辑"与"运算，但不保存运算结果，只像 AND 指令那样影响有关条件标志。TEST 指令称为测试指令，主要用于测试数据中某位是 0 还是 1。

【例 3.48】 以下指令测试 AL 寄存器的第 6 位是否为 1：

```
TEST  AL,40H ; 40H=01000000B
```

分析：上述 TEST 指令执行的操作是(AL)∧01000000B，由式（3.1）可知，其运算结果的第 6 位即为 AL 的第 6 位，而运算结果的其余各位均为 0。显然，若 AL 的第 6 位为 0，则运算结果为 0，此时 ZF=1，反之，则 ZF=0。由此可见，执行上述 TEST 指令后，只要

对 ZF 标志的状态进行检测，就能确定 AL 第 6 位是否为 1。

TEST 指令虽然称为测试指令，但其本身并无测试功能，只是通过设置相关的条件标志，为具体的测试准备条件而已（具体的测试由专门的指令完成，见 3.3.5 节）。

2. 移位操作类指令

移位操作用于对一个数据的各位做向左或向右的移动。移位操作可分为逻辑移位、算术移位和循环移位三类。各类移位指令的格式如下。

（1）逻辑左移指令：

SHL　DST, CNT

（2）逻辑右移指令：

SHR　DST, CNT

（3）算术左移指令：

SAL　DST, CNT

（4）算术右移指令：

SAR　DST, CNT

（5）循环左移指令：

ROL　DST, CNT

（6）循环右移指令：

ROR　DST, CNT

（7）带进位循环左移指令：

RCL　DST, CNT

（8）带进位循环右移指令：

RCR　DST, CNT

以上指令格式中，DST 是被移位的操作数，CNT 是移位的次数（一次只按规定方式移动一位）。各种移位指令的功能如图 3.3 所示。

由图 3.3 可知，执行各种移位指令后，从 DST 中移出的数据位（左移时为最高位，右移时为最低位）均被存入 CF 标志位，不同的移位指令只是对移位后产生的空位（左移后 DST 的最低位，右移后 DST 的最高位）的处理有差异。逻辑移位后，空位均填入 0；算术左移与逻辑左移完全等效，算术右移后则在空位填入原来的最高位；循环移位后，移出的数据位被回填到空位，数据在 DST 中环状移动；带进位循环移位后，将 CF 标志值填入空位，如同将 CF 与 DST 连起来做环状移动。

使用移位指令时必须注意：

（1）DST 不能为立即数或段寄存器。

（2）DST 必须有明确的数据类型。

（3）当移位次数 CNT=1 时，可直接用立即数 1 表示，否则必须用 CL 寄存器提供移位次数。例如：

① SHL　AL,1　　;将 AL 寄存器中的数据逻辑左移 1 位
② MOV　CL,2　　;将移位次数 2 存入 CL 寄存器
　 SHR　AX,CL　;将 AX 寄存器中的数据逻辑右移 2 位

（4）逻辑和算术移位指令影响 CF、OF、ZF、SF、PF，循环移位指令只影响 CF 和 OF。

对 OF 的影响只有在移位次数 CNT=1 时才有效，否则无定义。当 CNT=1 时，若 DST 最高位的值在移位前后是相同的，则 OF=0，否则 OF=1。

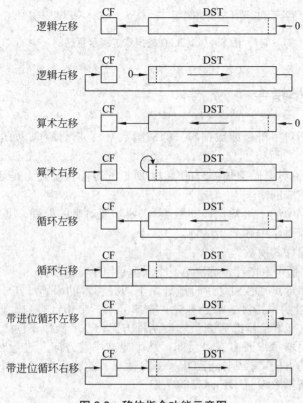

图 3.3　移位指令功能示意图

【例 3.49】　编写指令序列，将 AL 寄存器的高 4 位和低 4 位互换。

解： 凡涉及改变数据位的位置的操作，只能使用移位指令来完成。本例只需将 AL 寄存器中的数据循环移位（向左或向右均可）4 次即可，指令序列如下：

```
MOV  CL,4   ;移位次数 4 存入 CL
ROL  AL,CL  ;将 AL 循环左移 4 次
```

算术移位操作用于有符号数，具有一定的算术运算效果。将一个有符号数算术左移 1 位，相当于对该数乘以 2（前提是 OF=0，表示符号位未变，未溢出）；将一个有符号数算术右移 1 位，相当于对该数除以 2（DST 中保留的是商，余数在 CF 标志位）。对无符号数做逻辑移位，也有类似的算术运算效果。

【例 3.50】　编写指令序列，将 DX:AX 中的 32 位无符号数乘以 2。

解： 对无符号数乘以 2，只需对其逻辑左移 1 位即可。由于不能一次性将 DX:AX 中的 32 位数逻辑左移 1 位，因此只能将 DX 和 AX 分开移位。先将 AX 逻辑左移 1 位，其最高位被移出后应进入 DX 的最低位，因此，再对 DX 带进位循环左移 1 位。指令序列如下：

```
SHL  AX,1   ;将 AX 逻辑左移 1 位，其最高位进入 CF
RCL  DX,1   ;将 DX 带进位循环左移 1 位
```

操作过程如图 3.4 所示。

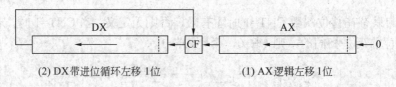

(2) DX带进位循环左移1位　　　　　　(1) AX逻辑左移1位

图 3.4　例 3.50 的操作过程示意图

3.3.4　串操作类指令

串操作指令用于对字符串或数据串（即成组数据）进行操作，如串传送、串比较、串搜索等。

由于 CPU 不具备对串做整体处理的能力，所谓的串操作实际上是通过对串中的各个元素依次连续处理来完成的。

串是定义在主存中的一组数据（即数组）。要实现对串的处理，必须解决两个问题：

（1）如何依次提供串中各元素的地址？

（2）如何控制操作的次数？

解决第一个问题是用串指针，解决第二个问题是用重复前缀。

串操作涉及源串地址 DS:SI（逻辑地址，下同）和目的串地址 ES:DI，其中，SI 称为源串指针，DI 称为目的串指针。每处理完一个串元素，串指针会自动修改，指向下一个串元素。串指针的修改有增量修改和减量修改两种方式。当串操作正向（从串首向串尾方向）进行时，串指针采用增量修改方式；反向（从串尾向串首方向）进行时，串指针采用减量修改方式。串操作的方向由控制标志 DF（方向标志）的状态决定：DF=0，正向；DF=1，反向。可用以下两条指令设置 DF 标志的状态

```
CLD  ;设置 DF=0
STD  ;设置 DF=1
```

系统启动后，DF 的初始状态被设置为 0，即串操作的方向默认为正向。

除与串操作的方向有关外，串指针的修改还与串元素的类型有关。串元素的类型有字节类型和字类型两种，相应的串分别称为字节串和字串。对字节串进行操作时，每处理完一个串元素，串指针自动加/减 1；对字串进行操作时，每处理完一个串元素，串指针自动加/减 2。

重复前缀用于控制串操作的次数。基本的串操作指令可以对串指针所指的单个串元素进行处理，并自动修改串指针，使其指向下一个串元素，但它不能自动连续处理多个串元素。带重复前缀的串操作指令才能自动连续处理多个串元素，实现真正的串操作。

1．基本串操作指令

1）串传送（MOVS）类指令

MOVS 类指令将源串指针所指的串元素值，传送到目的串指针所指的串元素位置。该类指令不影响条件标志。

（1）字节串传送指令 MOVSB。

指令格式：`MOVSB`　;源串和目的串地址隐含

指令功能：该指令完成以下操作：

① 传送一个字节：(ES:DI)←((DS:SI))；

② 修改串指针：SI←(SI)±1，DI←(DI)±1；

（2）字串传送指令 MOVSW。

指令格式：MOVSW　；源串和目的串地址隐含

指令功能：该指令完成以下操作：

① 传送一个字：(ES:DI)←((DS:SI))；

② 修改串指针：SI←(SI)±2，DI←(DI)±2。

【例 3.51】　设(DS)=(ES)=2000H，(20010H)=86H，(20011H)=5CH，执行以下指令序列

```
CLD              ;置 DF=0，正向串操作
MOV SI,0010H     ;设置源串指针 SI
MOV DI,0050H     ;设置目的串指针 DI
MOVSB            ;执行字节串传送，只传送一个字节
```

执行后，有(20050H)=86H，(SI)=0011H，(DI)=0051H。

【例 3.52】　承上例，若将最后一条串传送指令换成 MOVSW，则指令序列执行后，有 (20050H)=86H，(20051H)=5CH，(SI)=0012H，(DI)=0052H。

2）串比较（CMPS）类指令

CMPS 类指令主要用于比较两个等长的串是否完全相同。其方法是比较两个串对应位置上的串元素是否都相同。但是，串比较指令本身不做这种比较工作，只是将源串指针和目的串指针所指的串元素相减，并设置各种条件标志，为后面的实际比较做准备。

（1）字节串比较指令 CMPSB。

指令格式：CMPSB　；源串和目的串地址隐含

指令功能：该指令完成以下操作：

① 做字节减法：((DS:SI))-((ES:DI))，设置各种条件标志；

② 修改串指针：SI←(SI)±1，DI←(DI)±1。

（2）字串比较指令 CMPSW。

指令格式：CMPSW　；源串和目的串地址隐含

指令功能：该指令完成以下操作：

① 做字减法：((DS:SI))-((ES:DI))，设置各种条件标志；

② 修改串指针：SI←(SI)±2，DI←(DI)±2。

3）串搜索（SCAS）类指令

SCAS 类指令主要用于在一个串（目的串）中搜索（查找）一个特定的串元素。其方法是将需要查找的元素值与串中各个串元素依次进行比较。但是，串搜索指令本身也不做这种比较工作，只是将需查找的元素值和目的串指针所指的串元素相减，并设置各种条件标志，为后面的实际比较做准备。

（1）字节串搜索指令 SCASB。

指令格式：SCASB　；源操作数 AL 和目的串地址隐含

指令功能：该指令完成以下操作：

① 做减法：(AL)-((ES:DI))，设置各种条件标志；若搜索成功，则 ZF=1；

② 修改串指针：DI←(DI)±1。

（2）字串搜索指令 SCASW。

指令格式：SCASW　；源操作数 AX 和目的串地址隐含

指令功能：该指令完成以下操作：

① 做减法：(AX)-((ES:DI))，设置各种条件标志；若搜索成功，则 ZF=1；

② 修改串指针：DI←(DI)±2。

4）串存数（STOS）类指令

STOS 类指令用于将一个元素值存入目的串指针所指的串元素中。该类指令不影响条件标志。

（1）字节串存数指令 STOSB。

指令格式：STOSB　;源操作数 AL 和目的串地址隐含

指令功能：该指令完成以下操作：

① 将 AL 的内容存入目的串中：(ES:DI)←(AL)；

② 修改串指针：DI←(DI)±1。

（2）字串存数指令 STOSW。

指令格式：STOSW　;源操作数 AX 和目的串地址隐含

指令功能：该指令完成以下操作：

① 将 AX 的内容存入目的串中：(ES:DI)←(AX)；

② 修改串指针：DI←(DI)±2。

5）串取数（LODS）类指令

LODS 类指令用于取出源串指针所指的串元素的值。该类指令不影响条件标志。

（1）字节串取数指令 LODSB。

指令格式：LODSB　;源串地址和目的操作数 AL 隐含

指令功能：该指令完成以下操作：

① 从源串中取出一个字节存入 AL：AL←((DS:SI))；

② 修改串指针：SI←(SI)±1。

（2）字串取数指令 LODSW。

指令格式：LODSW　;源串地址和目的操作数 AX 隐含

指令功能：该指令完成以下操作：

① 从源串中取出一个字存入 AX：AX←((DS:SI))；

② 修改串指针：SI←(SI)±2。

2. 串操作的重复前缀

重复前缀置于基本串操作指令之前，用于控制基本串操作指令的连续、重复执行。重复前缀指定使用 CX 寄存器作为重复次数计数器，且采用减 1 计数方式。

1）REP 前缀

REP 前缀适合与 MOVS、STOS 和 LODS 这三类指令配合使用。

用法：REP　MOVS/STOS/LODS

功能：按 CX 中预置的重复次数连续、重复执行指定的串操作指令。每执行一次，串指针自动修改，且 CX 中的计数值减 1。当(CX)=0 时，重复执行结束。

【例 3.53】 编写指令序列，将数据段内偏移地址从 0010H 开始的连续 50 个字节数据传送到偏移地址从 0100H 开始的存储区域。

解：这是一个典型的字节串传送问题。由于目的串与源串同在数据段内，故应使 ES 与 DS 相同。指令序列如下：

```
CLD  ;置 DF=0，设置正向操作
```

```
MOV   AX,DS
MOV   ES,AX      ;使 ES 与 DS 相同
MOV   SI,0010H   ;设置源串指针
MOV   DI,0100H   ;设置目的串指针
MOV   CX,50      ;设置重复次数计数器 CX,初值为 50
REP   MOVSB      ;将字节串传送指令 MOVSB 重复执行 50 次,实现串的传送
```

【例 3.54】 编写指令序列,将数据段内偏移地址从 0020H 开始的连续 100 个字清零。

解：这个问题的解决方法,就是将数值 0 依次存入这 100 个字单元中。可用带 REP 前缀的字串存数指令 STOSW 来完成。指令序列如下：

```
CLD             ;置 DF=0,设置正向操作
MOV   AX,DS
MOV   ES,AX      ;STOSW 指令涉及目的串,且该串在数据段中,故使 ES 与 DS 相同
MOV   DI,0020H   ;设置目的串指针
MOV   CX,100     ;设置重复次数计数器 CX,初值为 100
MOV   AX,0       ;按 STOSW 指令的要求,将需存入串元素的数值 0 装入 AX
REP   STOSW      ;将 STOSW 指令重复执行 100 次,实现将整个字串清零
```

2）REPE/REPZ 前缀

REPE 与 REPZ 是等效的,适合与 CMPS 和 SCAS 这两类指令配合使用。

用法：REPE/REPZ　CMPS/SCAS

功能：当(CX)≠0,且 ZF=1 时,重复执行指定的串操作指令,否则停止执行。每执行一次,串指针自动修改,且 CX 中的计数值减 1。REPE/REPZ 前缀与 CMPS 和 SCAS 配合使用时的操作流程如图 3.5 所示。

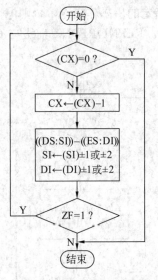

(a) REPE/REPZ CMPS 操作流程

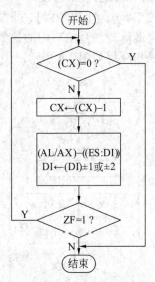

(b) REPE/REPZ SCAS 操作流程

图 3.5　REPE/REPZ 与 CMPS 和 SCAS 配合使用时的操作流程

从图 3.5（a）可知,当(CX)≠0,且源串指针与目的串指针所指的串元素相同（相减为 0,ZF=1）时,重复执行 CMPS 指令,继续比较下一对串元素；而当(CX)=0（串元素比

较完）或 ZF=0（某对串元素不相同）时，结束操作。因此，REPE/REPZ 与 CMPS 类指令配合使用时，可用来比较两个串是否完全相同，即：当重复执行结束时，若 ZF=1，则两串完全相同，否则不相同。

图 3.5（b）表明，当(CX)≠0，且目的串指针所指的串元素与待搜索的元素值（AL/AX 的内容）匹配（相减为 0，ZF=1）时，重复执行 SCAS 指令，继续搜索下去；而当(CX)=0（串元素搜索完）或 ZF=0（不匹配）时，结束操作。因此，REPE/REPZ 与 SCAS 类指令配合使用时，可理解为在串中搜索与 AL/AX 不同的串元素，即：当重复执行结束时，若 ZF=1，则串中元素均与 AL/AX 匹配，否则存在不匹配的串元素（即最后一次检测到的串元素）。

【例 3.55】 设在数据段内偏移地址为 0010H 和 0060H 处各存有一个长度为 50 的字符串，编写指令序列，比较这两个字符串是否相同。

解： 这是一个典型的串比较操作，可用 REPE 与 CMPSB 配合来完成。由于两个串均定义在数据段内，因此，应使 ES 与 DS 相同。指令序列如下：

```
CLD             ;置 DF=0，设置正向操作
MOV  AX,DS
MOV  ES,AX      ;使 ES 与 DS 相同
MOV  SI,0010H   ;设置源串指针
MOV  DI,0060H   ;设置目的串指针
MOV  CX,50      ;设置重复次数计数器 CX，初值为 50
REPE CMPSB      ;进行串比较
                ;在此判断 ZF 是否为 1（由专门的指令完成，见 3.3.5 节）
```

3）REPNE/REPNZ 前缀

REPNE 与 REPNZ 是等效的，适合与 CMPS 和 SCAS 这两类指令配合使用。

用法：**REPNE/REPNZ CMPS/SCAS**

功能：当(CX)≠0，且 ZF=0 时，重复执行指定的串操作指令，否则停止执行。每执行一次，串指针自动修改，且 CX 中的计数值减 1。REPNE/REPNZ 前缀与 CMPS 和 SCAS 配合使用时的操作流程如图 3.6 所示。

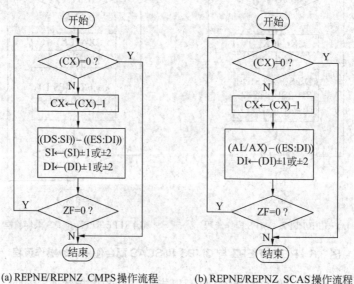

(a) REPNE/REPNZ CMPS 操作流程　　　　(b) REPNE/REPNZ SCAS 操作流程

图 3.6　REONG/REPNZ 与 CMPS 和 SCAS 配合使用时的操作流程

可见，REPNE/REPNZ 前缀与 CMPS 类指令配合使用时，可理解为是在比较两个串是否完全不同（即对应位置上的串元素均不相同），即：当重复执行结束时，若 ZF=0，则两串完全不同。而 REPNE/REPNZ 前缀与 SCAS 类指令配合使用时，则是在串中搜索与 AL/AX 相同的串元素，即：当重复执行结束时，若 ZF=0，则串中无与 AL/AX 匹配的串元素，否则存在匹配的串元素（即最后一次搜索到的串元素）。

相对而言，REPE/REPZ 更适合与 CMPS 类指令配合使用，而 REPNE/REPNZ 则更适合与 SCAS 类指令配合使用。

【例 3.56】 设在数据段内偏移地址为 0010H 处存有一个长度为 50 的字符串，编写指令序列，在这个字符串中搜索字符'k'。

解： 这是一个典型的串搜索操作，可用 REPNE 与 SCASB 配合来完成。由于字符串定义在数据段内，且 SCASB 指令涉及目的串，因此，应使 ES 与 DS 相同。指令序列如下：

```
CLD                 ;置 DF=0，设置正向操作
MOV  AX,DS
MOV  ES,AX          ;使 ES 与 DS 相同
MOV  DI,0010H       ;设置目的串指针
MOV  CX,50          ;设置重复次数计数器 CX，初值为 50
MOV  AL,'k'         ;将待搜索的字符存入 AL
REPNE  SCASB        ;进行串搜索
                    ;在此判断 ZF 是否为 1（由专门的指令完成，见 3.3.5 节）
```

3.3.5　程序控制类指令

程序控制类指令用于实现复杂的程序执行路径控制，包括分支、循环、子程序调用与返回、中断服务程序调用与返回等，是程序设计中的重要指令。

如 3.2.2 节所述，程序中的指令地址由 CS:IP 给出，CPU 每取出一条指令后，IP 会自动增量，形成下条指令的地址。因此，当程序顺序执行时，仅靠 IP 每次的自动增量，就可以控制程序的执行路径。但是，在较为复杂的程序中，程序的处理逻辑比较复杂，程序执行时不能完全按指令排列的先后顺序一路执行下去，而是经常需要改变指令的执行顺序，甚至跳过某些指令不执行，这就是程序的转移执行。程序转移执行时，需要用程序控制类指令来修改 IP（段内转移）或 CS:IP（段间转移），以达到改变程序执行路径的目的。

1. 无条件转移指令

无条件转移指令（JMP 指令）的格式及功能已在 3.2.2 节做了详细描述，此处不再重复。

在执行程序的过程中，如果遇到 JMP 指令，就会立即跳转到指定的目标指令处继续往下执行程序。如图 3.1 所示，如果是向前转移，则会跳过 JMP 指令与目标指令之间的一段程序，使这段程序永远无法得到执行，造成程序代码的浪费；如果是向后转移，则会使目标指令与 JMP 指令之间的一段程序被无休止地重复执行（死循环现象）。因此，JMP 指令不能被随意使用，而应该在一定的条件下使用。

2. 条件转移指令

条件转移指令在满足特定的条件时，转移到指定的目标指令处继续往下执行程序，而

在条件不满足时，则顺序执行程序（不转移）。因此，条件转移指令首先需要检测转移条件。

条件转移指令所检测的条件有单个的条件标志 CF、ZF、SF、OF、PF，也有由多个条件标志形成的组合条件，如 CF 和 ZF 的组合，SF、OF 及 ZF 的组合等。条件标志是在执行运算类指令后设置的，因此，条件转移指令通常在运算类指令之后使用。

条件转移指令均为段内短距离转移指令，即目标指令与转移指令必须在同一代码段内，且转移距离不能超过-128~+127 字节。因此，转移成功时，只需将 IP 修改为目标指令的偏移地址，而转移失败时，不改变 IP（此时 IP 指向转移指令的下一条指令）。

1）简单条件转移指令

这类条件转移指令只对单个条件标志进行检测，并根据检测结果决定是转移执行还是顺序执行。

以下是这类条件转移指令的格式及功能描述，其中，label 表示目标指令的标号。

（1）格式：JC　label

功能：若 CF=1，则转移至 label 处，否则顺序执行。

（2）格式：JNC　label

功能：若 CF=0，则转移至 label 处，否则顺序执行。

（3）格式：JZ/JE　label　;JZ 与 JE 等效

功能：若 ZF=1，则转移至 label 处，否则顺序执行。

（4）格式：JNZ/JNE　label　;JNZ 与 JNE 等效

功能：若 ZF=0，则转移至 label 处，否则顺序执行。

（5）格式：JS　label

功能：若 SF=1，则转移至 label 处，否则顺序执行。

（6）格式：JNS　label

功能：若 SF=0，则转移至 label 处，否则顺序执行。

（7）格式：JO　label

功能：若 OF=1，则转移至 label 处，否则顺序执行。

（8）格式：JNO　label

功能：若 OF=0，则转移至 label 处，否则顺序执行。

（9）格式：JP/JPE　label　;JP 与 JPE 等效

功能：若 PF=1，则转移至 label 处，否则顺序执行。

（10）格式：JNP/JPO　label　;JNP 与 JPO 等效

功能：若 PF=0，则转移至 label 处，否则顺序执行。

【例 3.57】 编写指令序列，将 AL 和 BL 中的有符号数相加，并判断是否有溢出。

解：加法运算后，会根据运算结果设置溢出标志 OF。指令序列如下：

```
ADD  AL,BL
JO   ERR      ;若 OF=1（产生溢出），则转移到标号 ERR 处
MOV  D1,AL    ;OF=0，无溢出，运算结果正确，存入字节变量 D1
...
ERR: INTO     ;在此进行溢出处理
...
```

有符号数加、减运算产生溢出是一种典型的软件错误，若不对其进行检测和处理，程序就会产生错误的运行结果。因此，执行有符号数加、减运算后，均应检测溢出标志 OF，并执行 INTO 指令调用系统的溢出处理例程（或自己编写溢出处理代码）进行溢出处理。

【例 3.58】 编写指令序列，检测 AL 寄存器的第 2 位是否为 0。如为 0，则置变量 D2 为 0，否则置 D2 为 1。

解： 检测数据中的某位是 0 还是 1，可先执行 TEST 指令，再通过检测 ZF 标志来确定（参见例 3.48）。指令序列如下：

```
        TEST  AL,00000100B
        JNZ   D2_1      ;若 ZF=0，则转到标号 D2_1 处
        MOV   D2,0      ;ZF=1，置变量 D2 为 0
        JMP   CONT
D2_1:   MOV   D2,1      ;ZF=0，置变量 D2 为 1
CONT:   …
```

其中，JMP 指令的作用是将 ZF=1 和 ZF=0 时的两条不同的处理路径分隔开，即在完成 ZF=1 的处理路径后，跨过 ZF=0 的处理路径，避免两条处理路径产生交叉。

【例 3.59】 设 A、B、C 均为无符号字节类型变量，试编写指令序列，求出其中的最小值，并存入字节类型变量 MIN。

解： 此问题可用以下方法处理：

（1）将 A 与 B 比较，选出其中较小者；

（2）将(1)中选出的数再与 C 比较，其中较小者即为三者中之最小值。

两个无符号数比较时，可先使用 CMP 指令对二者相减，然后检测 CF 标志，若 CF=1，说明最高位产生借位，即被减数小于减数，反之，被减数不小于减数。可用一个寄存器（如 AL）保存每一步选出的较小值。指令序列如下：

```
        MOV   AL,A      ;将 A 存入 AL
        CMP   AL,B      ;A 与 B 比较，即计算 A-B
        JC    NEXT      ;若 CF=1，则 AL 中为较小值（即 A 较小），转移至 NEXT 处与 C 比较
        MOV   AL,B      ;CF=0，B 为较小值，将 B 存入 AL，准备与 C 比较
NEXT:   CMP   AL,C      ;此处将 A、B 中的较小值（存于 AL 中）与 C 比较
        JC    OK        ;若 CF=1，则 AL 中为最小值，转移至 OK 处保存结果
        MOV   AL,C      ;CF=0，C 为最小值，将 C 存入 AL，准备保存结果
OK:     MOV   MIN,AL    ;此处将求得的最小值存入变量 MIN
```

2）无符号数比较转移指令

这类条件转移指令根据对两个无符号数的比较结果，决定转移执行或顺序执行。对无符号数的比较用 CMP 指令。

以下是这类条件转移指令的格式及功能描述，其中，label 表示目标指令的标号。

（1）格式：**JA/JNBE** label ;JA 与 JNBE 等效

功能：若 CF=ZF=0（即被减数大于减数），则转移至 label 处，否则顺序执行。

（2）格式：**JAE/JNB** label ;JAE 与 JNB 等效

功能：若 CF=0（即被减数大于或等于减数），则转移至 label 处，否则顺序执行。

（3）格式：JB/JNAE label ;JB 与 JNAE 等效

功能：若 CF=1（即被减数小于减数），则转移至 label 处，否则顺序执行。

（4）格式：JBE/JNA label ;JBE 与 JNA 等效

功能：若 CF=1 或 ZF=1（即被减数小于或等于减数），则转移至 label 处，否则顺序执行。

【例 3.60】 设 A、B、C 均为无符号字节类型变量，试编写指令序列，求出其中的最大值，并存入字节类型变量 MAX。

解： 本例的解题思路与例 3.59 相似，不再赘述。指令序列如下：

```
MOV  AL,A      ;将 A 存入 AL
CMP  AL,B      ;A 与 B 比较，即计算 A-B
JAE  NEXT      ;若(AL)≥(B)，转移至 NEXT 处与 C 比较
MOV  AL,B      ;若(AL)<(B)，将 B 存入 AL，准备与 C 比较
NEXT: CMP  AL,C ;此处将 A、B 中的较大值（存于 AL 中）与 C 比较
JNB  OK        ;若(AL)≥(C)，则 AL 中为最大值，转移至 OK 处保存结果
MOV  AL,C      ;若(AL)<(C)，将 C 存入 AL，准备保存结果
OK: MOV  MAX,AL ;此处将求得的最大值存入变量 MAX
```

【例 3.61】 设数据段内定义了一个 100 个元素的无符号字节类型数组 DARY，试编写指令序列，求出其中的最大值，并存入字节类型变量 MAX。

解： 此问题可用以下方法处理：

（1）将数组首元素存入 AL；

（2）将 AL 中的元素与下一个元素比较，较大者存入 AL；

（3）重复(2)，直到处理完全部数组元素。此时，AL 中即为所求的最大值。

要逐一处理数组中的每个元素，必须逐一提供每个元素的地址。为此，可以设置一个地址指针，其初始状态指向数组首元素，每处理完一个元素，就修改指针使其指向下一个元素。此外，还要设置一个计数器，用来控制操作的重复次数。指令序列如下：

```
LEA  SI,DARY   ;将数组 DARY 的首地址存入 SI，SI 为数组元素的地址指针
MOV  CX,100    ;用 CX 作为计数器，初值为数组元素个数 100
MOV  AL,[SI]   ;将数组首元素存入 AL
CONT: INC  SI  ;修改指针，使其指向下一个元素
DEC  CX        ;计数器减 1 计数
JZ  OK         ;若 ZF=1（即计数器减到 0），则操作结束，转移至 OK 处保存结果
CMP  AL,[SI]   ;若处理尚未结束，则将 AL 中的值与指针指向的元素值比较
JAE  CONT      ;若 AL 中的值较大，则不改变 AL 的值，转移至 CONT 处准备下一次操作
MOV  AL,[SI]   ;若 AL 中的值较小，则用 SI 指针所指的元素修改 AL 的值
NEXT: JMP  SHORT CONT   ;修改完 AL 后，转移至 CONT 处，准备下一次操作
OK: MOV  MAX,AL ;此处将求得的最大值存入变量 MAX
```

注意： 此例中的 JAE 指令和 JMP 指令，它们都是向后转的指令，这将使得转移指令与目标指令之间的一段程序被重复多次执行，这也称为循环程序。**JMP** 指令虽然是无条件转移指令，但在此并不会使循环无休止进行下去（即造成死循环），因为当 JZ 指令检测到计数器减到 0 时，就会跳出循环，结束操作。

3）有符号数比较转移指令

这类条件转移指令根据对两个有符号数的比较结果，决定转移执行或顺序执行。对有符号数的比较用 CMP 指令。

以下是这类条件转移指令的格式及功能描述，其中，label 表示目标指令的标号。

（1）格式：JG/JNLE　label　;JG 与 JNLE 等效

功能：若 SF=OF 且 ZF=0（即被减数大于减数），则转移至 label 处，否则顺序执行。

（2）格式：JGE/JNL　label　;JGE 与 JNL 等效

功能：若 SF=OF（即被减数大于或等于减数），则转移至 label 处，否则顺序执行。

（3）格式：JL/JNGE　label　;JL 与 JNGE 等效

功能：若 SF≠OF（即被减数小于减数），则转移至 label 处，否则顺序执行。

（4）格式：JLE/JNG　label　;JLE 与 JNG 等效

功能：若 SF≠OF 或 ZF=1（即被减数小于或等于减数），则转移至 label 处，否则顺序执行。

如前所述，以上条件转移指令均为段内短距离转移指令。如果条件转移距离超过 -128~+127 字节，则会在源程序汇编过程中产生"转移超出范围"错误。

如何判断条件转移是否超出范围呢？如以程序中每条指令的机器代码平均为 3 字节来估算，当条件转移距离达到 40 条指令以上时，就很有可能发生转移超出范围的问题了。碰到这个问题时如何解决呢？图 3.7 所示为借助 JMP 指令解决条件转移超范围问题的一般方法。

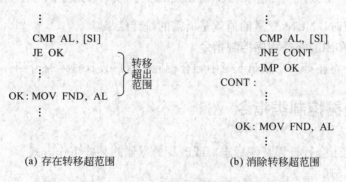

图 3.7　借助 JMP 指令解决条件转移超范围问题示例

3．循环指令

将一段程序连续、重复执行多次，就形成了循环。从程序控制的角度来说，循环是由转移指令向后转形成的，如例 3.61 所示。有确定重复次数的循环称为计数型循环，可用一个循环计数器来控制循环的次数；没有确定的重复次数，只在某个特定的条件成立时执行循环，而当条件不成立时结束循环，这称为条件型循环。

下面介绍的循环指令用于控制计数型循环，而条件型循环的控制，用条件转移指令即可。

指令格式：LOOP　label　;label 为循环入口指令标号

指令功能：LOOP 指令用于控制计数型循环，作为循环程序段的最后一条指令。循环计数器指定用 CX 寄存器，采用减 1 计数方式，初值为循环次数；CX 未减到 0 时，转移到标号 label 处，继续循环；CX 减到 0 时，循环结束。LOOP 指令执行的功能等效于以下两条指令的组合

```
DEC  CX    ; CX←(CX)-1，循环计数
JNZ  label ; 若ZF=0（即 CX 未减到 0），则转移到标号 label 处，继续循环
```

可见，LOOP 指令的转移范围为段内短距离转移。

【例 3.62】 设数据段内定义了一个无符号字节类型数组 SCORE，存放有 50 个学生的"汇编语言程序设计"课程考试成绩。编写指令序列，统计其中获得"优秀"（90 分以上）的人数，并将统计结果存入字节类型变量 NUM。

解： 此问题的解决方法，就是依次用数组中的各个成绩数据与 90 比较。这是一个典型的计数型循环问题。指令序列如下：

```
      LEA  SI,SCORE ;将数组 SCORE 的首地址存入 SI，SI 为数组元素的地址指针
      MOV  NUM,0     ;将统计人数的变量 NUM 清零
      MOV  CX,50     ;设置循环计数器 CX，初值为 50
CONT: MOV  AL,[SI]   ;按 SI 指针取出数组中一个成绩数据存入 AL，此为循环入口指令
      CMP  AL,90     ;将 AL 中的成绩数据与 90 比较
      JB   NEXT      ;若成绩小于 90，不予统计，转移至 NEXT 处
      INC  NUM       ;成绩在 90 以上，将 NUM 变量的值加 1，统计人数
NEXT: INC  SI        ;此处修改 SI 指针，使其指向下一个数组元素，为下一次处理做准备
      LOOP CONT      ;循环计数，若 CX 未减到 0，则转移到标号 CONT 处继续循环执行
```

当循环结束时，NUM 变量的值就是所需的统计结果。

4. 子程序和中断服务程序控制指令

这两类指令将在第 4 章和第 5 章中结合相应的程序设计技术来介绍。

3.3.6　处理器控制类指令

这类指令用于强行设置某些标志，或改变处理器的某些工作方式。

（1）格式：STC

功能：CF←1。

（2）格式：CLC

功能：CF←0。

（3）格式：CMC

功能：CF←$\overline{\text{CF}}$。

（4）格式：STD

功能：DF←1，控制串指针以减量方式修改。

（5）格式：CLD

功能：DF←0，控制串指针以增量方式修改。

（6）格式：STI　;开中断指令

功能：IF←1，允许 CPU 响应外部可屏蔽中断请求。

（7）格式：CLI　;关中断指令

功能：IF←0，禁止 CPU 响应外部可屏蔽中断请求。

（8）格式：HLT　;停机指令

功能：暂停 CPU 的工作，等待外部中断发生（重新唤醒 CPU）。

（9）格式：NOP　;空操作指令

功能：该指令不执行任何有效操作，主要用于满足程序中的延时要求。

8086 指令系统包含大约 100 条指令，以上详细介绍的是其中一些比较常用的指令。其余部分指令使用概率极低，且大多可用已介绍的常用指令（或若干条常用指令的组合）替代。如需了解这部分指令，可查阅有关资料与手册。

3.3.7　80x86 指令系统的扩展

自 8086 微处理器后，Intel 又相继推出了 80286、80386、80486、80586（也就是 Pentium）微处理器，形成了 80x86 系列微处理器。随着微处理器功能的增强，其指令种类与数量也随之增加，但后续微处理器的指令系统完全兼容此前的微处理器。

80x86 的扩展指令大致可以归纳为：为方便程序设计而扩展的指令；为适应 32 位系统而扩展的指令；为实现保护模式程序设计而扩展的指令；为增强系统管理而扩展的指令（系统指令，用于系统程序设计）。由于本书只涉及实模式下的应用程序设计，因此对上述后两类扩展指令不做介绍，仅对前两类扩展指令做简单的讨论。

1．为方便程序设计而扩展的指令

这些指令通常有着比较复杂的操作功能，用在程序中可以缩短程序的长度，也使编程更为方便。需要说明的是，这些指令并非是必须的，其操作功能可用 8086 的基本指令组合起来完成。下面介绍其中的几条典型指令。

1）BSF 指令（自 80386 起有）

指令格式：BSF　DST,SRC

指令功能：BSF 指令从第 0 位开始，自右向左扫描 SRC，以寻找第一个值为 1 的位。若找到，则使 ZF=0，并将该位的位序号装入 DST；若未找到（即 SRC 为 0），则使 ZF=1，DST 无定义。DST 必须为 16 位或 32 位寄存器，SRC 可用除立即寻址外的其他寻址方式，且必须与 DST 类型一致。

【例 3.63】设(BX)=0010100110100000B，分析以下指令的执行结果。

```
BSF  AX,BX
```

分析：BX 寄存器从右向左第一个 1 出现在第 5 位，因此，该指令执行后，ZF=0,(AX)=5。BSF 指令不是必须的。例如，例 3.63 中的 BSF 指令功能可用以下 8086 指令序列实现。

```
      MOV AX,0
      PUSH CX
      PUSH DX
      MOV DX,1
      MOV CX,16
CONT: TEST BX,DX
```

```
        JNZ   OK
        INC   AX
        SHL   DX,1
        DEC   CX
        JNZ   CONT
    OK: POP   DX
        POP   CX
```
　　;在此处检测 ZF 标志，即可判断是否找到第一个为 1 的位

2）CMPXCHG 指令（自 80486 起有）

指令格式：**CMPXCHG　DST,SRC**

指令功能：该指令执行以下操作。

（1）做减法：(AC)-(DST)。AC 为累加器，即 AL、AX 或 EAX（32 位累加器）。

（2）根据 ZF 的状态交换数据：若 ZF=1，则(DST)←(SRC)；若 ZF=0，则(AC)←(DST)。

CMPXCHG 指令中，SRC 只能用 8 位、16 位或 32 位通用寄存器，而 DST 可用寄存器寻址方式或存储器寻址方式。DST 与 SRC 必须类型一致。

CMPXCHG 指令的功能也可用 8086 指令序列来实现。例如，指令

```
        CMPXCHG  DX,BX
```

可用以下 8086 指令序列替代

```
        CMP  AX,DX
        JNZ  AC_DST
        MOV  DX,BX
        JMP  SHORT DONE
AC_DST: MOV  AX,DX
  DONE: …
```

3）XADD 指令（自 80486 起有）

指令格式：**XADD　DST,SRC**

指令功能：该指令执行以下操作。

（1）做加法：TEMP←(DST)+(SRC)。

（2）数据交换：(SRC)←(DST)，(DST)←TEMP。

XADD 指令中，SRC 必须为通用寄存器，DST 可采用寄存器寻址方式或存储器寻址方式，且两者必须类型一致。

XADD 指令的功能同样可用 8086 指令序列来实现。例如，指令

```
        XADD AX,BX
```

可用以下 8086 指令序列替代

```
        PUSH DX
        MOV  DX,AX
        ADD  AX,BX
        MOV  BX,DX
        POP  DX
```

这种为方便程序设计而扩展的指令还有很多，在此不一一介绍，如需了解详情，可查阅有关资料与手册。

2．为适应 32 位系统而扩展的指令

在 80x86 系列微处理器中，8086 和 80286 为 16 位微处理器，其定点运算器最多只能进行 16 位数的运算，而自 80386 起均为 32 位微处理器，其定点运算器可进行 32 位数的运算。

为满足 32 位系统的需要，自 80386 起，增加了一组 32 位寄存器：EAX、EBX、ECX、EDX、EBP、ESI、EDI、ESP、EIP 和 EFLAGS，它们的低 16 位分别对应 AX、BX、CX、DX、BP、SI、DI、SP、IP 和 FLAGS。此外，为了增加程序可同时操作的段的数量，增加了 FS 和 GS 两个段寄存器。

在指令系统方面，自 80386 起，一方面为原有指令增加了 32 位数据处理能力，另一方面也专门为 32 位系统增加了一些数据处理和系统管理指令。

1）为原有指令增加 32 位数据处理能力

自 80386 起，前面介绍的数据传送类指令、算术运算类指令（除 BCD 码调整指令外）和逻辑运算类指令均可直接使用 32 位操作数，例如：

```
MOV   EAX,EBX
MOV   EDX,DDAT    ;设 DDAT 为双字类型变量（用 DD 伪指令定义）
XCHG  EAX,ECX
PUSH  EDX
POP   EBX
IN    EAX,DX
OUT   DX,EAX
ADD   EAX,DDAT1   ;设 DDAT1 为双字类型变量
MUL   EBX         ;被乘数隐含为 EAX，乘积存于 EDX:EAX
DIV   EBX         ;被除数隐含为 EDX:EAX，商存于 EAX，余数存于 EDX
SHL   EAX,CL
```

如果是保护模式下的程序设计，指令中还可使用 32 位有效地址，例如：

```
MOV   EAX,[EBX]
```

2）专门为 32 位系统增加的指令

32 位系统无论是在数据处理，还是在系统管理上都比 16 位系统更复杂，为此而增加的指令也不在少数。下面仅介绍几个专门增加的 32 位数据处理指令。

（1）CDQ 指令（自 80386 起有）。

指令格式：**CDQ**

指令功能：将 EAX 中的有符号数扩展到 EDX:EAX 中（即将 32 位有符号数扩展成 64 位，且低 32 位存于 EAX，高 32 位存于 EDX）。该指令实际上是将 EAX 的符号位扩展到 EDX 中。

例如，可在做有符号数除法运算时，用 CDQ 指令形成 64 位的被除数。

（2）MOVSD 指令（自 80386 起有）。

指令格式：MOVSD　；源串和目的串地址隐含

指令功能：该指令完成以下操作。

① 传送一个双字：(ES:DI)←((DS:SI))。

② 修改串指针：SI←(SI)±4，DI←(DI)±4，当有效地址为 32 位时，源串和目的串指针分别用 ESI 和 EDI。

（3）PUSHAD 和 POPAD 指令（自 80386 起有）。

指令格式：PUSHAD

　　　　　　POPAD

指令功能：PUSHAD 指令是 32 位通用寄存器依次进栈指令，进栈次序是 EAX、ECX、EDX、EBX、ESP、EBP、ESI 和 EDI。POPAD 指令是 32 位通用寄存器依次出栈指令，与 PUSHAD 指令配对使用，出栈次序与以上进栈次序相反，且出栈的 ESP 被丢弃，不影响堆栈指针的正常修改。

以上简略介绍了 80x86 指令系统的扩展。程序设计时，如需使用 80286 及其以后扩展的指令，只需在源程序首行加入以下伪指令

　　　　.286（或.386、.486、.586）

即可。

习题

1. 判断以下指令的正误。如果正确，指出其操作数的寻址方式；如果错误，说明其错误原因。

```
（1）MOV  AL,230
（2）ADD  DAT1,[SI]        ;DAT1 为字类型变量
（3）SHR  AX,CL
（4）MOV  DX,-35000
（5）XCHG DAT2,DAT3        ;DAT2 和 DAT3 均为字节类型变量
（6）DIV  WORD PTR [BX]
（7）INC  [SI]
（8）MOV  BX,OFFSET [SI+10H]
（9）ADD  [BX],56H
（10）IN  AL,DX
（11）MOV  DS,DSEG         ;DSEG 为数据段段名
（12）LEA  BX,DAT4+2       ;DAT4 为字节类型变量
（13）OUT  60H,AX
（14）POP  CS
（15）ADD  BX,DS
（16）PUSH [DI]
（17）SUB  BX,[AX]
（18）MOV  [BX+DAT5],50  ;DAT5 为字节类型变量
（19）LEA  AX,[BX+SI]
```

（20）MOV DAT6+4,25 ;DAT6 为字类型变量

2．用一条指令实现操作要求。

（1）将数据 65 存入数据段内偏移地址为 0010H 的单元中。

（2）设 BX 寄存器中是数据段内某字节类型数组的首地址，要求将该数组的第 3 号元素加上 20，其和仍存于该元素中。（**注意：数组的首元素为第 0 号元素。**）

（3）设 DAT7 为数据段内定义的字类型变量，要求将 DAT7 的高字节存入 AL 寄存器。

（4）设 ARRY 为数据段内定义的一个字类型数组，该数组共有 10 个元素，要求将 ARRY 数组最后一个元素的偏移地址存入 SI 寄存器。

（5）将 AL 寄存器的位 3 和位 0 清零，其余位不变。

（6）将数据段内字类型变量 DAT8 的最高 4 位置 1，其余位不变。

（7）将数据段内有符号数字节类型变量 DAT9 的值除以 2，其商仍存于 DAT9 中。

（8）设 AL 寄存器中存放着一个数字字符（'0'～'9'），要求将其转换为对应的数。

（9）设 AL 寄存器中存有一个大写英文字母，要求将其转换为对应的小写英文字母。

（10）以下指令序列判断 AL 寄存器中的无符号数是否为奇数，若是奇数，则跳转至指令标号 ODD 处。试在括弧内填入满足操作要求的指令。

```
        TEST AL,1
(                  )
```

（11）以下指令序列判断 AL 寄存器中的有符号数是否为正数，若是正数，则跳转至指令标号 POSNUM 处。试在括弧内填入满足操作要求的指令。

```
(                  )
        JZ POSNUM
```

（12）以下指令序列判断 AL 寄存器中的无符号数是否为 4 的整倍数，若是，则跳转至指令标号 YES 处。试在括弧内填入满足操作要求的指令。

```
(                  )
        JZ YES
```

（13）以下指令序列判断 AL 寄存器中的无符号数是否小于 60，若不小于 60，则跳转至指令标号 PASS 处。试在括弧内填入满足操作要求的指令。

```
        CMP AL,60
(                  )
```

3．分析与计算。

（1）设(AL)=11101001B，指出执行以下指令后，AL 寄存器的内容及全部条件标志的状态。

ADD AL,0B4H

（2）设(AL)=0A6H，(BL)=43H，指出执行以下指令后，AL 寄存器的内容及全部条件标志的状态。

```
SUB  AL,BL
```

（3）设数据段内有数据定义如下：

```
ARR  DW  35H,17CH,0D208H,56EH,3990H,06A3H,8720H
```

指出执行以下指令序列后，AX 寄存器的内容。

```
MOV  AX,ARR+2
ADD  AX,ARR+6
```

（4）设数据段内有数据定义如下：

```
ARR2  DB  69H,0A2H,07H,44H,15H,3EH
```

指出执行以下指令序列后，AX 寄存器的内容。

```
MOV  SI,OFFSET ARR2
MOV  AX,WORD PTR [SI+4]
ADD  AX,[SI]
```

（5）设数据段内有字符串定义如下：

```
STR  DB  "There are ",30H, " Books on the desk."
```

指出以下指令序列执行后，该字符串会变成什么样？

```
ADD  STR+10,5
ADD  STR+12,20H
```

（6）设数据段内有数据定义如下：

```
ARR3  DW  500,7200,13484,466,20,9865
DAT10  DW  1000
```

指出执行以下指令后，CX 寄存器的内容。

```
MOV  CX,(DAT10-ARR3)/2
```

（7）设数据段内有数据定义如下：

```
ARR4  DB  10,20,30,40,50,60,70,80,90,100
N=$-ARR4
```

分析以下指令序列所完成的操作功能，并给出操作结果。

```
        LEA  SI,ARR4
        LEA  DI,ARR4+N-1
CONT:CMP  SI,DI
        JAE  OK
        MOV  AL,[SI]
        XCHG  AL,[DI]
        MOV  [SI],AL
        INC  SI
        DEC  DI
```

```
      JMP   SHORT CONT
OK:HLT
```

（8）指出以下指令执行后，AX 寄存器的内容。

```
MOV  AX,4321H
PUSH AX
MOV  CL,4
SHL  AH,CL
AND  AL,0FH
OR   AL,AH
MOV  BL,AL
POP  AX
SHR  AL,CL
AND  AH,0F0H
ADD  AH,AL
MOV  AL,BL
```

4．编写指令序列实现操作要求。

（1）编写指令序列，计算表达式-4800÷20 的值，并指出计算结果的存放方式。

（2）设数据段内定义有 A、B、C、D 四个无符号字节类型变量。编写指令序列，计算 A×B×C+D，并指出计算结果存放的方式。

（3）已知 AX 寄存器中存有一个四位十六进制数，编写指令序列，将该十六进制数的位序颠倒。例如，若(AX)=1234H，则颠倒位序后，(AX)=4321H。

（4）设数据段内定义有 A、B、C 三个无符号字节类型变量。编写指令序列，将这三个变量的值按降序排列。

（5）设数据段内定义有一个长度为 100 个字符的字符串 STR1。编写指令序列，统计该字符串中'e'字母的出现次数，并存入字节类型变量 ENUM 中。

（6）设数据段内定义有 A、B 两个无符号字节类型变量。编写指令序列，用辗转相除法求 A、B 的最大公约数，并将结果存入字节类型变量 C。

第4章

8086汇编语言程序设计的基本方法

第2章和第3章分别讲述了8086汇编语言的伪指令语句及指令语句，本章将在此基础上，讲述各种控制结构的汇编语言程序的设计方法。

根据控制结构的不同，程序可分为顺序程序、分支（或选择）程序和循环程序三种基本的程序结构。此外，子程序也是汇编语言程序的重要结构形式。

应该指出的是，第3章中所编写的指令序列并不是完整意义上的程序，因为它们没有完整的汇编语言源程序结构。完整的汇编语言源程序结构是如 2.3.2 节中所描述的分段结构，需要按编程要求定义所需的各个段。

4.1 顺序程序设计

所谓顺序程序，是指完全按照源程序中指令的先后次序，从头到尾依次执行每一条指令的程序结构。

【例4.1】 编写程序，计算下列算术表达式的值。

$$X = \frac{A \times B + C - D}{E + F}$$

分析：算术表达式的计算有着严格的计算步骤（对此不必赘述），编程时，只要按照计算步骤的顺序，一步一步写出操作指令即可。此外，表达式中所涉及的变量必须在数据段内予以定义。为使问题的讨论具有确定性，设所有变量值均为有符号数，且 A、B、C、D、E、F 为字节类型，X 为字类型，运算结果只保留商。程序设计如下：

```
SSEG  SEGMENT  STACK     ;定义堆栈段
  DW  16 DUP(?)
SSEG  ENDS
DSEG  SEGMENT            ;定义数据段
  A  DB  56              ;变量值为任意设定。下同
  B  DB  -20
  C  DB  106
  D  DB  80
  E  DB  -112
  F  DB  15
  X  DW  ?
```

```
      DSEG  ENDS
      CSEG  SEGMENT          ;定义代码段
      ASSUME  CS:CSEG,DS:DSEG,SS:SSEG
      START: MOV  AX,DSEG  ;程序入口指令（标号为 START），将数据段的段地址传送给 AX 寄存器
             MOV  DS,AX    ;将数据段的段地址从 AX 传送到数据段寄存器 DS，完成对 DS 的装载
             MOV  AL,A
             IMUL  B        ;执行第一步计算 A×B，乘积存于 AX
             MOV  BX,AX    ;将 A×B 的乘积转存到 BX
             MOV  AL,C
             CBW            ;将 C 扩展为 16 位，存于 AX
             ADD  BX,AX    ;执行第二步计算 (A×B)+C，结果存于 BX
             MOV  AL,D
             CBW            ;将 D 扩展为 16 位，存于 AX
             SUB  BX,AX    ;执行第三步计算 ((A×B)+C)-D，结果存于 BX
             MOV  AL,E
             CBW            ;将 E 扩展为 16 位
             MOV  CX,AX
             MOV  AL,F
             CBW            ;将 F 扩展为 16 位
             ADD  CX,AX    ;执行第四步计算 E+F，结果存于 CX
             MOV  AX,BX    ;将被除数（即分子部分）转存到 AX
             CWD            ;将被除数扩展为 32 位，存于 DX:AX 中
             IDIV  CX       ;执行第五步计算 (((A×B)+C)-D)/(E+F)，商存于 AX
             MOV  X,AX     ;将表达式的计算结果存入 X 变量
             MOV  AH,4CH   ;以下两条指令用于结束程序运行，返回操作系统命令状态
             INT  21H
      CSEG  ENDS            ;代码段定义结束
      END  START           ;源程序结束，同时用程序入口指令标号 START 指出程序入口
```

注意：为了保证得到正确的计算结果，避免出现"溢出"问题，计算过程中用 CBW 和 CWD 指令对运算数据做了必要的位数扩展。此外，本例假设除数不为零。

从本例可以看到，程序中的指令完全是按照计算步骤的先后次序编排的，程序执行时，只需按指令的排列顺序，依次执行每条指令即可。这就是顺序程序。

代码段中的最后两条指令，通过调用 DOS 系统功能来结束当前程序的运行，并返回操作系统命令状态。这是每个程序都要提供的程序正常结束方式。

顺序程序适合处理那些具有固定处理步骤的事务。但在实际应用中，事务往往比较复杂，处理步骤也不是固定的，经常需要根据程序当前的运行状态来决定程序后续执行的操作，这就使得整个程序无法从头到尾按顺序执行。因此，更多的情况是，顺序执行的指令代码作为一个程序段落出现在程序的一些局部区域，而整个程序并非完全是顺序结构的。

4.2　分支程序设计

当一个程序执行到某处时，前方出现多条不同的程序执行路径（分支），需要根据一

些条件来选择其中的一条执行路径，这样的程序就叫分支（或选择）程序。根据分支数的多少，又可分为二分支程序（只有两个分支，这是分支程序最简单的情况）和多分支程序（多于两个分支）。

分支选择是依赖条件判断实现的。条件判断用的是条件转移指令。一条条件转移指令根据条件成立或不成立，可以在两个分支中选择其中一个分支。因此，二分支问题只需一条条件转移指令就可以解决。对多分支问题，则需要用多条条件转移指令进行多级条件判断才能解决。

【例 4.2】 编写程序，判断字类型变量 X 的值是偶数还是奇数。若是偶数，将字节类型变量 OE 置为 0，否则置为 1。

分析：对二进制数而言，最低位为 0 即为偶数，反之则为奇数。因此，只要检测 X 变量的最低位，即可知其为偶数还是奇数。显然，这是一个典型的二分支问题，其处理过程可用图 4.1 所示的程序流程图描述。

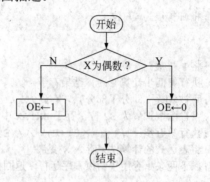

图 4.1　例 4.2 的程序流程图

程序设计如下：

```
SSEG  SEGMENT  STACK      ;定义堆栈段
   DW  16 DUP(?)
SSEG  ENDS
DSEG  SEGMENT             ;定义数据段
   X  DW  xxxx            ;变量值任意设定
   OE  DB  ?
DSEG  ENDS
CSEG  SEGMENT             ;定义代码段
ASSUME  CS:CSEG,DS:DSEG,SS:SSEG
START: MOV  AX,DSEG
       MOV  DS,AX
       TEST  X,0001H       ;测试 X 的最低位
       JZ  EVEN   ;测试结果为 0，X 为偶数，转去指令标号 EVEN 开始的分支继续执行
       MOV  OE,1;测试结果不为 0，X 为奇数，将 OE 变量置为 1，这是 X 为奇数时的处理分支
       JMP  OK
  EVEN: MOV  OE,0    ;X 为偶数时的处理分支
    OK: MOV  AH,4CH      ;处理完毕，程序结束
      INT  21H
```

```
CSEG ENDS
END  START
```

【例 4.3】 设 A、B、C 为无符号字节类型变量，请编写程序，将它们的值按升序排序。

分析：本例的处理过程需要多次进行数据之间的大小比较，每次比较后，都会产生二分支问题，其处理过程可用图 4.2 所示的程序流程图描述。

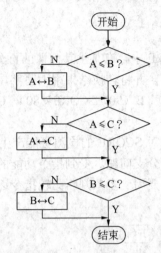

图 4.2　例 4.3 的程序流程图

程序设计如下：

```
SSEG SEGMENT STACK    ;定义堆栈段
  DW 16 DUP(?)
SSEG ENDS
DSEG SEGMENT          ;定义数据段
  A DB 56             ;变量值为任意设定。下同
  B DB 24
  C DB 35
DSEG ENDS
CSEG SEGMENT          ;定义代码段
ASSUME CS:CSEG,DS:DSEG,SS:SSEG
START: MOV AX,DSEG
       MOV DS,AX
       MOV AL,A
       CMP AL,B       ;A 与 B 比较
       JBE A_C        ;若 A≤B，转去进行 A 与 C 的比较
       XCHG AL,B       ;若 A>B，则交换 A 与 B 的值
       MOV A,AL
  A_C: CMP AL,C       ;A 与 C 比较
       JBE B_C        ;若 A≤C，转去进行 B 与 C 的比较
       XCHG AL,C       ;若 A>C，则交换 A 与 C 的值
       MOV A,AL
  B_C: MOV AL,B
```

```
        CMP  AL,C       ;B 与 C 比较
        JBE  OK         ;若 B≤C，排序完成
        XCHG AL,C       ;若 B>C，则交换 B 与 C 的值
        MOV  B,AL
    OK: MOV  AH,4CH
        INT  21H
CSEG ENDS
END  START
```

【例 4.4】 设字节变量 SCORE 中存有某生某门课的百分制成绩，请编写程序，将该百分制成绩转换为五级记分制成绩，并将转换结果用大写字母 A~E 存入变量 LEVEL 中。五级成绩定义为：A（SCORE≥90），B（90>SCORE≥80），C（80>SCORE≥70），D（70>SCORE≥60），E（60>SCORE）。

分析：与前两例不同，本例对 SCORE 的检测可能产生 5 种不同的结果，对应 5 条不同的处理路径，因此是典型的多分支问题。受到指令功能的限制，这种多分支的选择不可能由一条判断比较指令完成，需要用到多条判断比较指令逐级进行各个条件的判断才行。图 4.3 所示为本例的程序流程图。

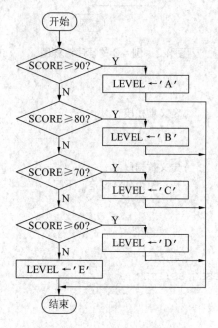

图 4.3　例 4.4 的程序流程图

程序设计如下：

```
SSEG  SEGMENT  STACK      ;定义堆栈段
  DW  16 DUP(?)
SSEG  ENDS
DSEG  SEGMENT             ;定义数据段
  SCORE DB  xx            ;成绩任意设定
  LEVEL DB  ?
```

```
       DSEG  ENDS
       CSEG  SEGMENT              ;定义代码段
       ASSUME  CS:CSEG,DS:DSEG,SS:SSEG
       START: MOV  AX,DSEG
              MOV  DS,AX
              MOV  AL,SCORE
              CMP  AL,90
              JB   C80         ;若 SCORE＜90，转去与 80 比较
              MOV  AH,'A'      ;若 SCORE≥90，则 LEVEL←'A'
              JMP  OK
         C80: CMP  AL,80
              JB   C70         ;若 SCORE＜80，转去与 70 比较
              MOV  AH,'B'      ;若 SCORE≥80，则 LEVEL←'B'
              JMP  OK
         C70: CMP  AL,70
              JB   C60         ;若 SCORE＜70，转去与 60 比较
              MOV  AH,'C'      ;若 SCORE≥70，则 LEVEL←'C'
              JMP  OK
         C60: CMP  AL,60
              JB   L_E         ;若 SCORE＜60，转去 LEVEL←'E'
              MOV  AH,'D'      ;若 SCORE≥60，则 LEVEL←'D'
              JMP  OK
         L_E: MOV  AH,'E'
          OK: MOV  LEVEL,AH     ;保存处理结果
              MOV  AH,4CH
              INT  21H
       CSEG  ENDS
       END   START
```

在分支程序设计中，需要特别注意各个分支之间的分隔，避免产生错误的分支交叉问题。例 4.2 和例 4.4 中的 JMP 指令，即起到了分支隔离的作用。

4.3　循环程序设计

在程序设计中，经常会遇到某些处理过程需要连续、重复多次的情况，尽管可以通过把完成此处理过程的指令序列连续、重复编写多次来解决这类问题，但这样会大大增加编程的代码量，降低编程的效率。循环程序设计技术则通过连续多次重复执行同一指令序列的方法来解决这类问题，从而极大提高了编程的效率。

编写循环程序需要解决以下两个问题：一是如何实现重复执行同一指令序列；二是如何控制重复执行的次数。对第一个问题，只需在相应指令序列的末尾设置一条转移指令，转向该指令序列的入口即可解决；对第二个问题，要根据循环的类型来实施不同的控制。循环有两种类型：计数型循环和条件型循环。计数型循环是指有确定的重复执行次数的循

环，这类循环的重复执行次数通过一个计数器进行计数控制；条件型循环通常没有确定的重复执行次数，但有一个是否继续重复执行下去的条件（称为循环条件），如果条件成立，就重复执行下去，否则就结束循环。对这类循环，每重复执行一次，都要重新判断循环条件，以决定是否继续循环下去。图 4.4 所示为两种类型循环的控制流程，其中 n 为循环次数，C 为循环计数器，"循环体"表示需要重复执行的指令序列。

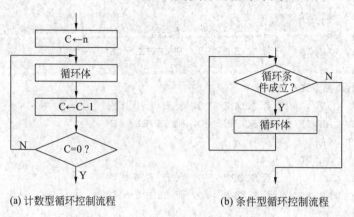

(a) 计数型循环控制流程   (b) 条件型循环控制流程

图 4.4　计数型和条件型循环的控制流程

在实际应用中，还有一种计数型与条件型相结合的循环控制类型。这类循环有一个最大循环次数限制（体现计数型控制的特点），除此以外，还有一个决定是否继续循环下去的条件（体现条件型控制的特点），只有在满足循环条件且未达到最大循环次数时，才继续循环执行，如图 4.5 所示。可见，这类循环有两种不同的结束方式（即有两个出口）。通常，不同的结束方式会导致不同的后续处理。

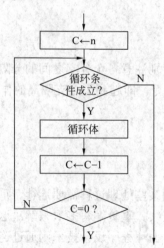

图 4.5　计数与条件结合型循环的控制流程

【例 4.5】　编写程序，求某班程序设计课程考试的平均分和最高分。

分析：求平均分首先要求出总分。由于一条加法指令一次只能实现两个数相加，因此只能采用累加法求总分，即逐一将各成绩数据相加求和。由于要重复多次进行加法运算，因此具有明显的循环特征，且因学生人数确定，故为典型的计数型循环。此外，求最高分也需要逐一比较每个学生的成绩，所以也同样是计数型循环问题。为优化程序设计，可将求总分和求最高分置于同一个循环内完成。

根据考试成绩的特点，采用无符号字节类型定义成绩数组即可。但是，在求总分时必须考虑累加和超过 8 位数的问题。

程序设计如下：

```
SSEG  SEGMENT STACK          ;定义堆栈段
  DW  16 DUP(?)
SSEG  ENDS
DSEG  SEGMENT                 ;定义数据段
  SCORE  DB  76,82,65,...     ;定义成绩数组
  N=$-SCORE                   ;N 为成绩数据个数（即学生人数）
  AVG  DB  ?                  ;存放平均分
  BEST  DB  ?                 ;存放最高分
DSEG  ENDS
CSEG  SEGMENT                 ;定义代码段
ASSUME  CS:CSEG,DS:DSEG,SS:SSEG
START: MOV  AX,DSEG
       MOV  DS,AX
       LEA  SI,SCORE          ;取成绩数组首地址
       XOR  AX,AX             ;将 AX 清零，用于累加
       MOV  BL,[SI]           ;BL 用于求最高分，初值设为数组首元素
       MOV  CX,N              ;CX 用作循环计数器
CONT:  ADD  AL,[SI]           ;成绩数据累加
       ADC  AH,0
       CMP  BL,[SI]           ;求最高分
       JAE  NEXT
       MOV  BL,[SI]
NEXT:  INC  SI                ;修改数组指针，指向下一元素
       LOOP  CONT             ;计数循环控制
       MOV  CL,N
       DIV  CL                ;求平均分
       MOV  AVG,AL            ;存平均分
       MOV  BEST,BL           ;存最高分
       MOV  AH,4CH
       INT  21H
CSEG  ENDS
END  START
```

【例 4.6】　设某数列的开始三个元素值为 0、0、1，从第四个元素起，每个元素为其前三个元素之和。编写程序，求出该数列的后续元素，直至所求出的元素值大于 200 时结束，并记下此时数列元素的个数。

分析：显然，从该数列的第四个元素起，每个元素的求法均相同，因此具有循环的特

征。但是，并不知道循环多少次所求出的元素才会大于 200。所以，该循环不是计数型循环，而是条件型循环，其循环结束条件即为"所求出的元素值大于 200"。

考虑到求解过程中元素值可能会超过 8 位数的表示范围，因此，存放数列元素的数组应采用字类型定义。

程序设计如下：

```
SSEG  SEGMENT  STACK        ;定义堆栈段
  DW  16  DUP(?)
SSEG  ENDS
DSEG  SEGMENT               ;定义数据段
  ARRY  DW  ?,0,0,1,100  DUP(?);定义数组，首元素存放数列元素个数。预留空间为估值
DSEG  ENDS
CSEG  SEGMENT               ;定义代码段
ASSUME  CS:CSEG,DS:DSEG,SS:SSEG
START: MOV  AX,DSEG
       MOV  DS,AX
       LEA  SI,ARRY+4*2     ;置数组元素指针
       MOV  CX,3            ;置元素个数计数器初值
 CONT: CMP  WORD PTR [SI-2],200  ;判循环条件
       JA  EXIT             ;元素值已大于 200，转到指令标号 EXIT，退出循环
       MOV  AX,[SI-6]       ;否则，继续求新元素，新元素为前三个元素之和
       ADD  AX,[SI-4]
       ADD  AX,[SI-2]
       MOV  [SI],AX         ;保存新元素
       INC  CX              ;元素个数加 1
       ADD  SI,2            ;修改数组指针
       JMP  SHORT  CONT     ;转移到循环入口，继续循环
 EXIT: MOV  ARRY,CX         ;保存数列元素个数
       MOV  AH,4CH
       INT  21H
CSEG  ENDS
END  START
```

【例 4.7】 编写程序，检查一个无符号字类型数组 ARRY 中是否存在"水仙花数"，若存在，就将变量 ANSWER 置为 1，否则置为 0。

分析："水仙花数"是一个三位十进制整数，其各位数的立方之和正好等于该数本身。本例中，数组元素个数是确定的，因此循环有最大次数的限制，但若找到"水仙花数"，也将立即结束循环。因此，本例是典型的计数与条件结合型循环。

程序设计如下：

```
SSEG  SEGMENT  STACK         ;定义堆栈段
  DW  16  DUP(?)
SSEG  ENDS
DSEG  SEGMENT                ;定义数据段
  ARRY  DW  376,82,153,2659,...  ;定义数组
```

```
        N=($-ARRY)/2            ;N 为数据元素个数
        ANSWER DB  ?            ;存放检查结果
DSEG  ENDS
CSEG  SEGMENT                   ;定义代码段
ASSUME  CS:CSEG,DS:DSEG,SS:SSEG
START: MOV  AX,DSEG
        MOV  DS,AX
        LEA  SI,ARRY           ;置数组元素指针
        MOV  CX,N              ;置循环计数器初值
        MOV  DH,10
 CONT:  CMP  WORD PTR [SI],999
        JA  NEXT               ;元素不是三位数，准备检查下一元素
        CMP  WORD PTR [SI],100
        JB  NEXT               ;元素不是三位数，准备检查下一元素
        MOV  AX,[SI]           ;元素是三位数，取出
        DIV  DH               ;分离出个位数（即余数），存于 AH 中
        MOV  DL,AH             ;将个位数存入 DL
        XOR  AH,AH            ;将 AH 清零
        DIV  DH               ;分离出十位数（即余数）和百位数（即商），分别存于 AH 和 AL 中
        MOV  BX,AX            ;将十位数和百位数分别存入 BH 和 BL
        XOR  BP,BP            ;将 BP 清零，用于存放各位数的立方和
        MUL  BL               ;求百位数的平方，值不会超过一个字节，即只存于 AL 中
        MUL  BL               ;求百位数的立方，值存于 AX
        ADD  BP,AX
        MOV  AL,BH
        MUL  BH               ;求十位数的平方，值不会超过一个字节
        MUL  BH               ;求十位数的立方，值存于 AX
        ADD  BP,AX
        MOV  AL,DL
        MUL  DL               ;求个位数的平方，值不会超过一个字节
        MUL  DL               ;求个位数的立方，值存于 AX
        ADD  BP,AX            ;此时，BP 中即为各位数的立方和
        CMP  BP,[SI]          ;判断各位数的立方和是否等于原数的值
        JE  EXIT             ;若相等，则是"水仙花数"，退出循环
 NEXT:  ADD  SI,2            ;准备检查下一元素
        LOOP  CONT
        MOV  ANSWER,0         ;循环次数耗尽退出，说明未检出"水仙花数"
        JMP  SHORT  FIN
 EXIT: MOV  ANSWER,1         ;检出"水仙花数"
  FIN: MOV  AH,4CH
        INT  21H
CSEG  ENDS
END  START
```

本例在处理过程中尽量使用寄存器来暂存数据，其目的是为了提高指令的执行速度。

若处理过程中产生的数据量较大，则可以定义一些变量来辅助数据存储。

有时，一个循环的循环体中也包含一个循环，这就形成了循环嵌套。如果嵌套深度为两层，则称为双重循环，三层以上则称为多重循环。

【例 4.8】 设某班有 40 个学生，现平均分为 5 个小组（每小组 8 人）参加某课程学习竞赛，以各小组的考试总分作为排名依据。试编写程序，求各小组的考试总分。

分析：求 5 个小组的考试总分，需要用一个 5 次的计数循环；而每个小组有 8 人，求其总分又需要一个 8 次的计数循环。因此，这是一个典型的双重循环问题，其处理流程如图 4.6 所示。图中，GCNT 为外层循环计数器（即控制组数的计数器），SCNT 为内层循环计数器（即控制每组学生数的计数器），TTS 用于求每组学生的总分。

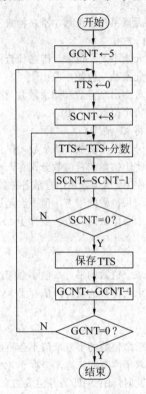

图 4.6　例 4.8 的处理流程

学生竞赛成绩的存储结构也非常重要，它直接影响到程序的设计。本例将按组序（每组 8 个成绩数据），把 5 个小组的竞赛成绩依次连续地存储在一个一维数组中，求得的各组总分也存入一个数组中。

程序设计如下：

```
SSEG  SEGMENT  STACK          ;定义堆栈段
  DW  16 DUP(?)
SSEG  ENDS
DSEG  SEGMENT                  ;定义数据段
  ARRY  DB  76,82,90,87,75,... ;定义成绩数组，依次连续存储 5 组成绩数据
  N1=5  ;N1 为组数
```

```
        N2=8                     ;N2 为每组学生数
         TOTAL  DW  5 DUP(?)     ;定义存放各组总分的数组
       DSEG ENDS
       CSEG  SEGMENT             ;定义代码段
       ASSUME  CS:CSEG,DS:DSEG,SS:SSEG
       START: MOV  AX,DSEG
              MOV  DS,AX
              LEA  SI,ARRY       ;置成绩数组元素指针
              LEA  DI,TOTAL      ;置总分数组元素指针
              MOV  CX,N1         ;置外层循环计数器初值
        GLOP: XOR  AX,AX         ;AX 清零，用于累加一个小组的总分（外层循环入口）
              PUSH  CX           ;将外层循环的计数值入栈保护
              MOV  CX,N2         ;置内层循环计数器初值
        SLOP: ADD  AL,[SI]       ;累加一个成绩数据（内层循环入口）
              ADC  AH,0
              INC  SI
              LOOP  SLOP
              MOV  [DI],AX       ;内层循环结束，保存一个小组的总分
              ADD  DI,2
              POP  CX            ;恢复外层循环计数值
              LOOP  GLOP
              MOV  AH,4CH
              INT  21H
       CSEG ENDS
       END  START
```

注意： 本例使用 LOOP 指令进行计数循环控制，必须使用 CX 作为循环计数器。因为内、外层循环都需要用 CX 进行循环计数，故在设置内层循环计数器之前，先将外层循环计数值入栈保护，在内层循环结束之后，再将外层循环计数值恢复到 CX 中，用于外层循环计数。

【例 4.9】 编写程序，用冒泡排序法将一无符号字节数组中的元素按降序排序。

分析： 用冒泡排序法进行降序排序的大致过程是：第一轮排序，从数组的首元素开始，依次进行相邻两个元素之间的比较，并将较小的元素交换到后面，第一轮排序结束后，最小的元素被移到最后一个元素的位置，并不再参与后面的排序；第二轮排序仍从数组的首元素开始，依次进行相邻两个元素之间的比较，将剩余元素中最小的元素移到倒数第二个元素的位置，并不再参与后面的排序；如此进行多轮排序，直到全部排序完成。如果数组有 n 个元素，则排序总共需要进行 $n-1$ 轮；第一轮参与排序的元素个数为 n，以后每轮依次减少一个元素。

可见，冒泡排序可采用双重循环控制实现。其中，外层循环控制排序轮次，内层循环控制每轮的元素比较次数。由于采用减 1 计数方式控制循环，所以外层循环当前的计数值，恰好就是内层循环本轮排序的元素比较次数。如，第一轮排序时，外层循环计数值为 $n-1$，第一轮排序的元素个数为 n，所需的元素比较次数是 $n-1$ 次；第二轮排序时，外层循环计

数值为 $n-2$，第二轮排序的元素个数为 $n-1$，所需的元素比较次数是 $n-2$ 次，以此类推……图 4.7 所示为冒泡排序的处理流程，其中，RND 为外层循环计数器，CNT 为内层循环计数器，A 为元素数组，i 为数组元素下标（即元素序号，从 0 开始）。

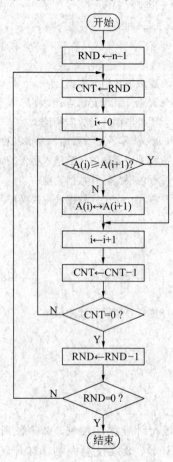

图 4.7   例 4.9 的处理流程

程序设计如下：

```
SSEG  SEGMENT  STACK          ;定义堆栈段
  DW  16  DUP(?)
SSEG ENDS
DSEG  SEGMENT                  ;定义数据段
  A  DB  17,22,9,80,37,...     ;定义数组
  N=$-A                        ;N 为元素个数
DSEG ENDS
CSEG  SEGMENT                  ;定义代码段
ASSUME  CS:CSEG,DS:DSEG,SS:SSEG
START: MOV AX,DSEG
       MOV DS,AX
       MOV CX,N-1              ;置外层循环计数器 CX 的初值
ROND:  PUSH CX ;将外层循环计数值入栈，同时，将 CX 用作内层循环计数器（外层循环入口）
```

```
        LEA   SI,A            ;置数组元素指针,指向数组首元素
CONT:   MOV   AL,[SI]         ;内层循环入口
        CMP   AL,[SI+1]       ;进行相邻元素的比较
  JAE   NEXT                  ;若前者大于等于后者,不用交换元素位置,准备进行下一次比较
        XCHG  AL,[SI+1]       ; 否则,交换元素位置
        MOV   [SI],AL
NEXT:   INC   SI              ;修改数组元素指针,指向下一元素
        LOOP  CONT            ;内层循环计数控制
        POP   CX              ;一轮内层循环结束,恢复外层循环计数器
        LOOP  ROND            ;外层循环计数控制
        MOV   AH,4CH
        INT   21H
CSEG ENDS
END  START
```

相对单循环和双重循环而言,多重循环的情况一般较少出现,此处不再举例。需要注意的是,循环嵌套必须是完全嵌套(即内层的循环必须完全包含在外层的循环内),不能出现循环交义现象(即一个循环有一部分包含在另一个循环内,而另一部分则未包含在内)。

4.4　子程序设计

汇编语言中的子程序也称过程,相当于高级语言中的函数。子程序是逻辑上功能相对完整的一段程序,但它不能独立执行,只能通过特定的方式,由其他程序调用执行。当一个程序调用一个子程序时,其效果相当于在调用点处嵌入了子程序的指令序列,也就是说,在调用点处加入了子程序的处理功能。

之所以设计和使用子程序,主要是出于以下三方面的考虑。其一,避免在程序中多次重复编写功能相同的程序段。程序中有时需要非连续地多次使用同一处理功能(如果是连续使用,则可以采用循环结构),此时,可将该处理功能编写成子程序,而在需要此功能处调用之。其二,优化程序结构,利于对程序功能的理解和调试。当程序功能较多、较复杂时,将其中一些逻辑上相对完整的子处理功能编写成子程序,可以使程序结构更加清晰,更有利于对程序功能的理解和调试。其三,便于处理功能的共享(或复用)。将一些具有公用性的处理功能编写成公用型子程序,形成公共子程序库,供其他程序共享,可方便各类程序的设计。

4.4.1　定义子程序

子程序(过程)需要用专门的过程定义伪指令语句来定义,其格式如下:

```
过程名   PROC   [类型]
   ……;过程(子程序)的指令序列(过程体)
过程名   ENDP
```

其中，PROC 表示过程定义开始，ENDP 表示过程定义结束。

过程的类型有近（NEAR）和远（FAR）两种；NEAR 类型是指过程与其调用程序定义在同一代码段内，为默认类型；FAR 类型则指过程与其调用程序在不同的代码段内。

过程名具有三个属性：类型属性、段地址属性和偏移地址属性。

在汇编语言源程序中，不限制子程序与其调用者（调用程序）之间的定义顺序。

4.4.2　子程序的调用与返回

调用子程序实际上是通过转移的方式实现的，即从调用程序的调用点转移到子程序处执行，这称为子程序调用；而在子程序执行完后，再从子程序处转移回到调用程序的返回点处，这称为子程序返回，如图 4.8 所示。

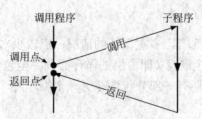

图 4.8　子程序调用与返回示意图

子程序的调用与返回由专门的指令来完成。

1．子程序调用指令

（1）近（NEAR）过程调用指令格式：

    CALL　过程名

（2）远（FAR）过程调用指令格式：

    CALL　FAR　PTR　过程名

调用程序在调用点处用 CALL 指令调用子程序，而 CALL 指令的下一条指令的位置即为返回点。

过程名具有地址属性，所以它实际上提供了子程序的入口地址。CALL 指令通过过程名调用子程序，就是按照过程名提供的子程序入口地址，转移到子程序入口处执行。子程序执行完后，要返回到调用程序的返回点，因此必须能够获取返回点的地址（即 CALL 指令的下一条指令的地址）。为此，CALL 指令除了具有转移到子程序入口的功能，还有记录返回点地址的功能，即将其下一条指令的地址记录下来，以备返回之需，这称为保护返回点地址。返回点地址采用入栈保护的方法，即将返回点地址压入堆栈保存；待子程序返回时，再从堆栈中取出返回点地址并实施返回。对近过程，由于调用程序与子程序在同一个代码段内，其代码段地址（CS）是相同的，因此在保护返回点地址时，只需要保护返回点的偏移地址 IP 即可（在 CALL 指令取指后，IP 已自动增量，形成其下一条指令的偏移地址，保护此时的 IP，就是保护返回点地址）；对远过程，由于调用程序与子程序在不同的代码段内，因此在保护返回点地址时，需要保护返回点的完整的逻辑地址 CS:IP（先向堆栈压入 CS，然后再压入 IP）。返回点地址的保护由 CALL 指令自动完成。图 4.9 所示为执行 CALL 指令前后的堆栈状态。

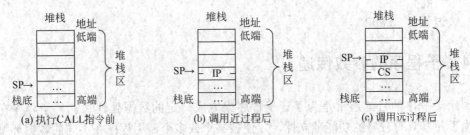

图 4.9　执行 CALL 指令前后的堆栈状态示意图

由于保护返回点地址要用到堆栈，因此，涉及子程序调用的源程序中，必须定义堆栈段。

2．子程序返回指令

指令格式：RET　[n]　;n 为可选项

RET 指令通常作为子程序的最后一条指令。RET 指令的功能，是根据过程的类型，从堆栈中弹出返回点的地址，并恢复到 IP（对近过程）或 CS:IP（对远过程）中，从而实现从子程序返回到调用程序。

RET 指令中的可选项 n 是一个 16 位（二进制）的无符号数。如果 RET 指令带有选项 n，则在从堆栈中弹出返回点的地址后，还会再按以下方式修改栈顶指针 SP:SP←(SP)+ n，即将 SP 再向栈底方向移动 n 个字节。

需要注意的是，务必保证在执行 RET 指令时，返回点的地址处于栈顶位置。

4.4.3　保护现场与恢复现场

调用程序执行到子程序调用点时，各个寄存器的当前状态称为调用程序当前的执行现场。如果执行现场中，某些寄存器中的数据在调用完子程序后仍要使用，但子程序在执行过程中会改变其中的数据，那么，在子程序返回后，调用程序的后续执行就会出现数据错误。为了解决这个问题，需要在进入子程序后，先对这些寄存器中的数据进行备份（这称为保护现场），然后再使用这些寄存器；而在子程序返回调用程序之前，则先将备份的数据恢复到其原来的寄存器中（这称为恢复现场），然后再返回调用程序。这样，调用程序的执行现场就不会因调用子程序而被破坏。

保护现场，是将需备份的寄存器数据一一压入堆栈保存；而恢复现场，则是将存放在堆栈中的备份数据一一弹出，并装入其原来的寄存器中。由于堆栈"后进先出"的操作特点，恢复现场时的出栈顺序必须与保护现场时的进栈顺序相反。

如果调用程序中不存在必须保护的现场数据，则无须保护现场操作。因此，"保护现场"是一种选择性的操作。

综上所述，可以给出过程定义的一般结构框架如下：

　　　过程名　PROC　[NEAR/FAR]
　　　[保护现场]

　　　　　　　过程体
　　　　　　　[恢复现场]
　　　　　　　RET
　　　　　过程名　ENDP

4.4.4　子程序的参数传递

　　调用子程序的目的通常是为了让子程序来完成一定的数据处理功能。子程序在设计时，为了使其具有较好的功能独立性，以便被某个或多个调用程序在不同的数据环境下调用，不应固定其处理的数据；也就是说，设计子程序时，只设计其处理功能，而不指定其处理的数据。子程序处理的数据，应该由调用程序来具体指定，并通过某种方式将其传递给子程序；子程序对这些数据处理后，再通过某种方式将处理结果传递给调用程序。数据在调用程序和子程序之间的这种传递，称为参数传递。

　　设计调用程序与子程序之间的参数传递方式，是子程序设计的重要组成部分。参数传递方式确定后，双方就必须严格按照既定的方式传递数据。

　　参数传递方式主要有以下几种。

　　1. 通过寄存器传递

　　调用程序将需要传递给子程序的数据预先装入指定的寄存器中，然后再调用子程序；子程序执行时，可直接从该寄存器中获取所需的数据。子程序也可将数据处理结果装入指定的寄存器，然后再返回调用程序，而调用程序就可从该寄存器中取得所需的处理结果。

　　由于寄存器数量较少，这种方式不适合传递大量参数。

　　通过寄存器不仅可以直接传递数据，还可以传递数据的存储地址。例如，调用程序将数据和处理结果的存储地址通过寄存器传递给子程序，子程序通过得到的数据地址从存储器中读取数据，再根据得到的结果存储地址，将处理结果写入存储器中。此外，如果需要传递的是数组，则通过寄存器来传递数组的首地址，是子程序处理数组的非常方便的手段。

　　2. 通过内存变量传递

　　如果一个子程序仅限于在当前源程序中使用，不考虑供其他源程序共享，则可以直接通过当前源程序中定义的内存变量与其调用程序传递数据。也就是说，调用程序将需要传递给子程序的数据预先存入指定的内存变量，然后调用子程序；子程序从指定的内存变量中读取所需的数据进行处理，并将处理结果存入指定的内存变量，传递给调用程序。

　　3. 通过堆栈传递

　　调用程序在调用子程序前，先将需要传递给子程序的数据或数据的存储地址压入堆栈，然后再执行 CALL 指令调用子程序（执行 CALL 指令后，返回点地址入栈，压在参数之上）；子程序则从堆栈中取得所需的参数（由于参数并未处于栈顶，因此不是通过出栈方式获得这些参数，而是通过寄存器间接或寄存器相对寻址方式从堆栈中读取）。子程序执行完后，存放在堆栈中的这些参数就没有用了，需要从堆栈中清除掉，因此，子程序可用带选项 n 的 RET 指令（n 等于参数的总字节数），使得在返回调用程序的同时，将这些参数出栈丢弃。

4.4.5　子程序设计举例

【例 4.10】　编写程序，将某班程序设计课程的考试成绩按降序排序，并计算其及格率（大于等于 60 分为及格；及格率以字符串形式，按十进制百分比表示，如 80.52%）。

分析：显然，该程序包含两项相互独立的功能，将它们各自设计成一个子程序，可以使程序的功能结构更加合理、清晰。

排序子程序的设计可采用例 4.9 中的冒泡排序算法。调用程序需将成绩数组的首地址和数组元素个数作为参数传递给子程序。参数可通过寄存器传递。子程序直接对数组中的元素进行排序，排序结果仍存于原数组中。

求及格率的子程序功能较为复杂，主要原因是定点运算指令不能直接计算出小数位。可按如下步骤处理（设总人数为 TNUM）：

（1）统计出及格人数 PNUM。

（2）计算下式

$$\frac{PNUM \times 100}{TNUM}$$

其商即为百分率的整数部分，将其转换为十进制数字串；设其余数为 R。

（3）计算下式

$$\frac{R \times 100}{TNUM}$$

其商即为百分率的小数部分的数字（相当于保留了两位十进制小数位），将其转换为十进制数字串；将余数部分舍去。

将上面得到的百分率的整数和小数数字以及小数点（.）和百分号（%）拼接起来，即可得到完整的及格率字符串表示。

由以上分析可知，调用程序需向求及格率子程序传递成绩数组的首地址、数组元素个数以及及格率字符串的存储地址。为了展示不同的参数传递方式，此处采用堆栈传递法进行参数传递。

本例中的子程序均采用 NEAR 类型（默认类型）。

程序设计如下：

```
SSEG  SEGMENT  STACK  ;定义堆栈段
  DW  32  DUP(?)
SSEG  ENDS
DSEG  SEGMENT  ;定义数据段
  SCORE  DB  76,82,65,...  ;定义成绩数组
  TNUM=$-SCORE  ;TNUM 为成绩数据个数（即学生总人数）
  RATE  DB  7  DUP(0)  ;定义百分率字符串存储区，百分率字符串格式为：xxx.xx%
DSEG  ENDS
CSEG  SEGMENT  ;定义代码段
ASSUME  CS:CSEG,DS:DSEG,SS:SSEG
START: MOV  AX,DSEG
```

```
            MOV  DS,AX
            LEA  DI,SCORE              ;用 DI 传递成绩数组首地址
            MOV  CX,TNUM          ;用 CX 传递数组元素个数
            CALL SORT                  ;调用冒泡排序子程序 SORT，对成绩数据进行降序排序
            PUSH DI               ;将成绩数组首地址入栈，作为参数，传递给求及格率子程序
            PUSH CX               ;将数组元素个数入栈，作为参数，传递给求及格率子程序
            LEA  DI,RATE          ;取及格率字符串存储地址
            PUSH DI               ;将及格率字符串存储地址入栈，作为参数，传递给求及格率子程序
            CALL CALCRATE             ;调用求及格率子程序 CALCRATE，求及格率
            MOV  AH,4CH           ;调用程序（此处即为主程序）结束
            INT  21H
       ;
       ;下面定义子程序
       ;
       SORT  PROC                 ;定义排序子程序 SORT，用冒泡排序法对数组元素降序排序（参考例 4.9）
            PUSH CX               ;保护现场，将 CX 和 DI 入栈，因为返回调用程序后还要使用
            PUSH DI               ;因 DI 在该子程序中不会被改变，也可不作保护
            DEC  CX               ;冒泡排序开始，置外层循环计数器 CX 的初值
       ROND: PUSH CX              ;外层循环入口，将外层循环计数值入栈，同时，将 CX 用作内层循环计数器
            MOV  SI,DI            ;置数组元素指针，指向数组首元素
       CONT: MOV  AL,[SI]         ;内层循环入口
            CMP  AL,[SI+1]        ;进行相邻元素的比较
            JAE  NEXT             ;若前者大于等于后者，不用交换元素位置，准备进行下一次比较
            XCHG AL,[SI+1]        ; 否则，交换元素位置
            MOV  [SI],AL
       NEXT: INC  SI              ;修改数组元素指针，指向下一元素
            LOOP CONT             ;内层循环计数控制
            POP  CX               ;一轮内层循环结束，恢复外层循环计数器
            LOOP ROND             ;外层循环计数控制
            POP  DI               ;排序结束，恢复现场。注意：恢复时的出栈顺序要与保护时的进栈顺序相反
            POP  CX
            RET                   ;返回调用程序
       SORT  ENDP                 ;SORT 定义结束
       ;
       CALCRATE  PROC             ;定义求及格率子程序 CALCRATE
            MOV  BP,SP            ;将栈顶元素地址传送到 BP。当前栈顶元素为返回点的 IP，其下即为参数
            MOV  DI,[BP+2]        ;将及格率字符串存储地址从堆栈中取出，传给 DI
            MOV  CX,[BP+4]        ;将数组元素个数从堆栈中取出，传给 CX
            MOV  SI,[BP+6]        ;将成绩数组首地址从堆栈中取出，传给 SI
            XOR  AX,AX            ;AX 用于及格人数计数
       STAT: CMP  BYTE PTR [SI] ,60  ;开始统计及格人数
            JB   NEXT1
            INC  AX
       NEXT1: INC  SI
            LOOP STAT
```

```
;循环结束，AX 中为及格人数。下面计算及格率
      MOV  BX,100
      MUL  BX   ;及格人数×100→DX:AX
      MOV  CX,[BP+4]   ;取出总人数
      DIV  CX   ;及格人数×100/总人数，商存于 AX（为及格率的整数部分），余数存于 DX
;下面将 AX 中的及格率的整数部分转换为十进制数字串
      MOV  CL,10
      DIV  CL   ;AH 中的余数即为及格率整数部分的最低数位（即个位）
      ADD  AH,30H   ;将 AH 中的数转换为对应的数字符
      MOV  [DI+2],AH   ;将数字符存入百分率字符串的适当位置
      XOR  AH,AH   ;将 AL 中的商扩展为 16 位
      DIV  CL   ;AH 中的余数即为及格率整数部分的中间数位（即十位），AL 中的商为最高数位
      ADD  AH,30H   ;将 AH 中的数转换为对应的数字符
      MOV  [DI+1],AH   ;将数字符存入百分率字符串的适当位置
      CMP  AL,0   ;判断最高数位（即百位）是否为 0
      JE   DOT   ;若为 0，则不存
      ADD  AL,30H   ;若非 0（即出现及格率为 100% 的情况），则将百位转换为数字符
      MOV  [DI],AL   ;将数字符存入百分率字符串的适当位置
  DOT: MOV  BYTE PTR [DI+3], '.'   ;在百分率字符串中设置小数点
;下面将 DX 中的及格率的余数部分转换为百分率的小数部分，保留两位数字
      MOV  AX,DX
      MUL  BX   ;余数×100→DX:AX
      MOV  CX,[BP+4]   ;取出总人数
      DIV  CX   ;余数×100/总人数，AX 中的商即为及格率的小数部分，将 DX 中的余数丢弃
;下面将 AX 中的及格率的小数部分转换为十进制数字串
      MOV  CL,10
      DIV  CL
      ADD  AH,30H
      MOV  [DI+5],AH
      ADD  AL,30H
      MOV  [DI+4],AL
      MOV  BYTE PTR [DI+6], '%'   ;在百分率字符串中加入百分号，完成字符串构建
      RET  6   ;返回调用程序，并弹出栈中的三个参数（共 6 字节）
CALCRATE  ENDP   ;CALCRATE 定义结束
CSEG ENDS   ;代码段定义结束。由于都是近过程，所以要将过程定义完之后才能结束代码段
END START
```

为了更好地理解堆栈传递参数的方法，图 4.10 中给出了调用 CALCRATE 过程前后的堆栈状态。

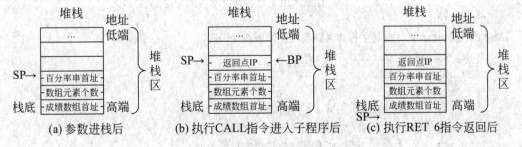

图 4.10　调用 CALCRATE 过程前后的堆栈状态示意图

【例 4.11】 设有两个无符号十进制数字串，请编写程序，将它们转换成对应的数值相加，再将其和转换成十进制数字串存储。

分析：可将两种转换各设计成一个子程序。

设一个 n 位的十进制数为 $x_{n-1}x_{n-2}x_{n-3}\cdots x_1x_0$，则有

$$x_{n-1}x_{n-2}x_{n-3}\cdots x_1x_0=((\cdots((x_{n-1}\times10+x_{n-2})\times10+x_{n-3})\times10+\cdots)\times10+x_1)\times10+x_0$$

上式即为两种转换的数学基础。

为使转换过程不至于太复杂，本例处理的无符号数不超过 32 位（二进制位），即最大数值为 $2^{32}-1$，相当于十进制数 4 294 967 295（这也是 C 语言中无符号长整型数的最大值）。若实际给出的数超过此限制，则产生转换误差。

根据上述转换公式，在将十进制数字串转换为对应数值时，需要做多次乘法运算（每次乘以 10）。由于 8086 系统没有 32 位乘法指令，因此，只能将 32 位数分解为低 16 位和高 16 位分别与 10 相乘，然后再合成为乘积（见程序中的 STRTODEC 子程序）。

在将数值转换为十进制数字串时，需要采用"除 10 取余"法。由于被除数的数值可能比较大，如果直接将 32 位被除数除以 10，其商可能超过 16 位，造成除法溢出。因此，需将 32 位被除数分解为低 16 位和高 16 位分别除以 10（均须按被除数 32 位，除数 16 位来相除，否则又可能造成除法溢出），然后再对两部分得到的商和余数做进一步处理，才能得到正确的结果（见程序中的 DECTOSTR 子程序）。

为了展示远过程的设计和调用方法，本例的两个子程序均设计为 FAR 类型。

程序设计如下：

```
SSEG  SEGMENT  STACK  ;定义堆栈段
  DW  32  DUP(?)
SSEG  ENDS
DSEG  SEGMENT  ;定义数据段
  DECSTR1  DB  "32798455"  ;任意定义十进制数字串 DECSTR1
  N1=$-DECSTR1  ;N1 为数字串 DECSTR1 的串长（即数字位数）
  DECSTR2  DB  "1955782"  ;任意定义十进制数字串 DECSTR2
  N2=$-DECSTR2  ;N2 为数字串 DECSTR2 的串长（即数字位数）
  DEC1  DD  ?  ;DEC1 用于存放 DECSTR1 所对应的数值
  DEC2  DD  ?  ;DEC2 用于存放 DECSTR2 所对应的数值
  BUF   DD  ?  ;BUF 用于在计算过程中暂存数据
  SUM   DB  ?,10 DUP(0)  ;SUM 的首字节用于存放和的十进制数字位数，其后的 10 字节
                        ; 存储区用于存放和所对应的十进制数字串
DSEG  ENDS
CSEG  SEGMENT  ;定义主程序（调用程序）所在代码段
ASSUME  CS:CSEG,DS:DSEG,SS:SSEG
START: MOV  AX,DSEG
       MOV  DS,AX
       LEA  SI,DECSTR1  ;用 SI 传递 DECSTR1 的首地址
       MOV  CX,N1  ;用 CX 传递 DECSTR1 的串长
       LEA  DI,DEC1   ;用 DI 传递转换结果的存储地址
       CALL  FAR PTR STRTODEC  ;调用子程序 STRTODEC，将十进制数字串转换为数值
```

```
        LEA   SI,DECSTR2              ;用 SI 传递 DECSTR2 的首地址
        MOV   CX,N2                   ;用 CX 传递 DECSTR2 的串长
        LEA   DI,DEC2                 ;用 DI 传递转换结果的存储地址
        CALL  FAR PTR STRTODEC        ;调用子程序 STRTODEC，将十进制数字串转换为数值
        MOV   AX,WORD PTR DEC1        ;DEC1→DX:AX
        MOV   DX,WORD PTR DEC1+2
        ADD   AX, WORD PTR DEC2       ;DEC1+DEC2→DX:AX
        ADC   DX, WORD PTR DEC2+2
        MOV   WORD PTR BUF,AX         ;DX:AX →BUF
        MOV   WORD PTR BUF+2,DX
        LEA   AX,BUF
        PUSH  AX                      ;用堆栈传递 BUF 的存储地址
        LEA   AX,SUM
        PUSH  AX                      ;用堆栈传递 SUM 的存储地址
        CALL  FAR PTR DECTOSTR        ;调用子程序 DECTOSTR，将数值转换为十进制数字串
        MOV   AH,4CH                  ;主程序（调用程序）结束
        INT   21H
CSEG  ENDS                            ;主程序代码段定义结束
;
;下面定义子程序
;
CSEG1  SEGMENT                        ;定义子程序 STRTODEC 所在代码段
ASSUME  CS:CSEG1                      ;只重设 CS，与主程序共享 DS 和 SS
STRTODEC  PROC  FAR                   ;定义子程序 STRTODEC，类型为 FAR
        XOR   AX,AX
        MOV   [DI],AX                 ; 将存放转换结果的变量初值置为 0
        MOV   [DI+2],AX
CONT:   MOV   BX,10                   ;下面按转换公式，将十进制数字串转换为对应的数值
        MUL   BX                      ;将上一步转换结果的低位部分乘以 10
        PUSH  DX                      ;保存到堆栈
        PUSH  AX
        MOV   AX,[DI+2]               ;取出上一步转换结果的高位部分
        MUL   BX                      ;将上一步转换结果的高位部分乘以 10
        MOV   DX,AX                   ;因转换结果只有 32 位，如超出，只能舍弃
        XOR   AX,AX
        POP   BX
        POP   BP
        ADD   AX,BX                   ;将高、低两部分乘以 10 之后的结果相加→DX:AX
        ADC   DX,BP
        MOV   BL,[SI]                 ;从数字串中取出一位数
        SUB   BL,30H                  ;将其转换为对应数值
        XOR   BH,BH
```

```
        ADD  AX,BX           ;将该位数与前面求得的结果相加→DX:AX，完成一个数位的转换
        ADC  DX,0
        MOV  [DI+2],DX        ;保存转换结果的高位部分，低位部分将直接投入下一步转换
        INC  SI              ;修改数字串指针，指向下一位数字
        LOOP CONT            ;循环控制，进入下一步转换
        MOV  [DI],AX         ;保存最终转换结果的低位部分
        RET
STRTODEC ENDP
CSEG1  ENDS                  ;子程序 STRTODEC 所在代码段结束
;
CSEG2  SEGMENT              ;定义子程序 DECTOSTR 所在代码段
ASSUME  CS:CSEG2            ;只重设 CS，与主程序共享 DS 和 SS
DECTOSTR PROC FAR           ;定义子程序 DECTOSTR，类型为 FAR
        MOV  BP,SP           ;将栈顶元素地址传送到 BP。当前栈顶为返回点的 CS:IP，其下即为参数
        MOV  DI,[BP+4]       ;将 SUM 的存储地址从堆栈中取出，传给 DI
        ADD  DI,10           ;指向结果数字串最低位
        MOV  SI,[BP+6]       ;将 BUF 的存储地址从堆栈中取出，传给 SI
        MOV  AX,[SI]         ;将 BUF 的低位部分存入 AX
        MOV  DX,[SI+2]       ;将 BUF 的高位部分存入 DX
        MOV  BX,10           ;BX 作为除数，转换采用"除 10 取余"法
        XOR  CL,CL           ;CL 清零，作为数字位数计数器
BEGIN: CMP  AX,0            ;判断转换结束条件
        JNE  CONV
        CMP  DX,0
        JE   OVER            ;若需转换之数为 0，则结束转换
CONV:  XOR  DX,DX           ;进入转换
        DIV  BX              ;被除数低位部分除以 10
        PUSH DX              ;结果入栈保存
        PUSH AX
        MOV  AX, [SI+2]      ;取出被除数高位部分
        XOR  DX,DX
        DIV  BX              ;被除数高位部分除以 10
        MOV  [SI+2],AX       ;在 BUF 中保存商的高位部分
        POP  AX
        MOV  [SI],AX         ;在 BUF 中保存商的低位部分
        POP  AX              ;AX 中为余数的低位部分
        CMP  DX,0            ;DX 中为余数的高位部分
        JE   GETONE          ;若余数高位部分为 0，则余数低位部分即为本次除 10 所得余数
        DIV  BX              ;余数高位部分不为 0，则余数部分继续除以 10
        ADD  [SI],AX         ;修改商的值
        ADC  WORD PTR [SI+2],0
        MOV  AX,DX           ;将最终的余数存入 AX
```

```
GETONE: ADD  AL,30H  ;将余数（即转换所得的一位十进制数）转换为数字符
        MOV  [DI],AL  ;将数字符存入 SUM 中恰当的位置
        DEC  DI  ;调整 DI 指针
        INC  CL  ;数字位数计数
        MOV  AX, [SI]  ;从 BUF 中取出新的被除数（即上一次除 10 所得的商）
        MOV  DX, [SI+2]
        JMP  BEGIN  ;转去继续实施转换
OVER:   MOV  DI,[BP+4]  ;将 SUM 的存储地址从堆栈中取出
        MOV  [DI],CL  ,将数字位数存入指定位置
        RET  4
DECTOSTR  ENDP
CSEG2  ENDS  ;子程序 DECTOSTR 所在代码段结束
;
END  START  ;整个源程序结束
```

4.4.6　子程序嵌套

一个子程序在执行过程中调用另一个子程序，称为子程序嵌套。子程序之间可以形成多级嵌套调用关系，其嵌套级数称为嵌套深度。图 4.11 所示为嵌套深度为 2 的子程序调用与返回过程。

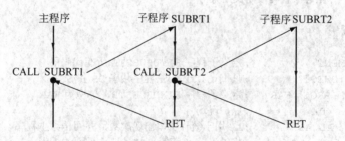

图 4.11　子程序嵌套调用与返回示意图

嵌套深度在理论上并无限制，但由于嵌套调用时需要在堆栈中逐级保护返回点地址，加之利用堆栈传递参数等因素，因此，嵌套深度实际上受到堆栈容量的限制。子程序嵌套要特别注意堆栈容量的定义，避免因堆栈溢出而导致程序运行错误。

【例 4.12】 编写程序，在一个主字符串中统计某个特定的子字符串出现的次数（不考虑待统计子串之间可能存在的重叠问题）。

分析：在主串中统计一个子串出现次数的一般方法是：

① 在主串中搜索子串的首字符，若找到，则进入步骤②，否则结束。

② 在主串中，从该字符开始，逐一与子串的后续字符比较。若与子串所有字符比较皆匹配，则匹配成功，将子串出现次数加 1。

③ 在主串中继续搜索下一个子串的首字符，若找到，则进入步骤②，否则结束。

可以把以上整个处理过程设计成一个子程序（**FINDSUBSTR**），而把其中的步骤②又

设计成一个子程序（COMPSTR），这样就形成子程序嵌套调用的结构了。

程序设计如下：

```
SSEG  SEGMENT  STACK       ;定义堆栈段
  DW  32  DUP(?)
SSEG  ENDS
DSEG  SEGMENT               ;定义数据段
  MAINSTR DB "ahphotogF gphiK5pphotoUBs3 phoToP7f",0 ;任意定义一个主字符串,
                                               ;以 0 结束
  SUBSTR  DB  "photo"        ;任意定义一个子字符串
  N=$-SUBSTR                 ;N 为子字符串的串长
  NUM DB  ?                  ;NUM 用于存放统计结果
DSEG  ENDS
CSEG  SEGMENT               ;定义主程序所在代码段
ASSUME  CS:CSEG,DS:DSEG,SS:SSEG
START: MOV AX,DSEG
       MOV DS,AX
       LEA SI,MAINSTR       ;用 SI 传递 MAINSTR 的首地址
       LEA DI,SUBSTR        ;用 DI 传递 SUBSTR 的首地址
       MOV CX,N             ;用 CX 传递 SUBSTR 的长度
       CALL FAR PTR FINDSUBSTR ;调用子程序 FINDSUBSTR
       MOV NUM,AL           ;子程序 FINDSUBSTR 用 AL 将统计结果传回主程序
       MOV AH,4CH           ;主程序结束
       INT 21H
CSEG  ENDS ;主程序代码段定义结束
;
;下面定义子程序
;
CSEG1 SEGMENT               ;定义子程序 FINDSUBSTR 所在代码段
ASSUME  CS:CSEG1            ;只重设 CS，与主程序共享 DS 和 SS
FINDSUBSTR  PROC  FAR       ;定义子程序 FINDSUBSTR，类型为 FAR
       PUSH DX             ;保护现场
       XOR  AL,AL          ;AL 用于统计子串出现次数，并回传给主程序
       MOV  DH,[DI]        ;将子串首字符存入 DH，以便后面的搜索
BEGIN: MOV  DL,[SI]        ;在主串中搜索子串的首字符，先从主串中取出当前字符
       CMP  DL,0           ;判断是否已到主串结束符
       JE   OVER           ;若主串已结束，则转移至 OVER 处
       CMP  DH,DL          ;判断主串当前字符是否为子串首字符
       JNE  CONT           ;若非子串首字符，则转移至 CONT，准备检测主串的下一个字符
       CALL COMPSTR        ;若是子串首字符，则调用 COMPSTR 子程序进行子串匹配检测
 CONT: INC  SI             ;修改主串指针，形成主串中下一个检测点
       JMP  BEGIN          ;转到 BEGIN，继续在主串中搜索子串的首字符
 OVER: POP  DX             ;处理完毕，恢复现场
       RET                 ;返回主程序
FINDSUBSTR  ENDP           ; FINDSUBSTR 定义结束
;
COMPSTR PROC   ;定义子程序 COMPSTR，与其调用者 FINDSUBSTR 同在代码段 CSEG1 中
     PUSH DI               ;保护现场 DI，CX 和 SI
     PUSH CX
     PUSH SI
NEXT: MOV DL,[SI]          ;在主串中进行子串的匹配检测，取主串当前字符
```

```
        CMP  DL,0              ;判断是否已到主串结束符
        JE   EXIT              ;若主串已结束,则转移至 EXIT 处
        CMP  [DI],DL           ;否则,与子串中对应位置的字符比较
        JNE  EXIT              ;若不匹配,则本次匹配检测失败,转 EXIT 处
        INC  SI               ;否则,修改主串和子串指针,准备进行下一对字符的匹配检测
        INC  DI
        LOOP NEXT              ;按子串长度进行循环控制
        INC  AL               ;循环正常结束,说明匹配成功,将子串出现次数加 1
        POP  CX               ;从堆栈中弹出原来保护的主串指针值
        DEC  SI               ;调整主串指针,以便进行后面的搜索
        PUSH SI               ;将调整后的主串指针值入栈
EXIT:   POP  SI               ;结束本次匹配检测,恢复现场
        POP  CX
        POP  DI
        RET                   ;返回调用程序 FINDSUBSTR
COMPSTR ENDP                  ;COMPSTR 定义结束
CSEG1 ENDS                    ;子程序所在代码段定义结束
;
END  START                    ;整个源程序结束
```

如果一个子程序直接或间接调用了自身(若子程序 SUBRT1 调用了 SUBRT2,而 SUBRT2 又调用了 SUBRT1,这就是子程序 SUBRT1 间接调用了自身),这称为子程序的递归调用。子程序递归是子程序嵌套的特殊情况。对那些具有递归定义的数学问题(如阶乘问题),或具有递归特性的处理算法(如二叉树的遍历算法),可以采用子程序的递归调用来设计其处理程序,这样可以降低程序设计的复杂度,并使程序更容易阅读和理解。

设计递归子程序时,必须注意以下两点:一是必须要有一个能够到达的递归结束条件,避免递归调用无休止地进行下去;二是要充分估计堆栈空间的使用量(递归调用的嵌套深度有时会很大,且参数通常都用堆栈传递),避免产生堆栈溢出。

此外,还有一个不同程序模块之间的子程序调用问题。考虑到现在直接用汇编语言编写多模块大型程序的情况很少,本书不再编入这部分内容。如读者需要了解这方面的编程技术,可参阅有关的书籍或文献资料。

4.5 汇编语言程序的数据输入和输出

程序的数据输入是指在程序运行过程中,通过键盘等输入设备向程序提供所需处理的数据;程序的数据输出是指将程序的运行结果或运行过程中的一些提示信息,通过显示器、打印机等输出设备提供给计算机的使用者。程序的数据输入和输出是人机交互的需要。

在汇编语言程序中实现数据的输入和输出有三种方式:直接对输入/输出设备接口进行编程控制;调用 BIOS(基本输入/输出系统)功能程序;调用 DOS(磁盘操作系统)功能程序。第一种方式需要编程人员充分掌握输入/输出设备接口的组成及控制方法,实现难度大,且编程繁琐。后两种方式实现起来比较简单,它们都是通过调用计算机系统提供的输入/输出例行程序来实现的,是编程时主要采用的输入/输出方式。

4.5.1 软中断指令

在 IBM-PC 系列的微机系统中，BIOS 和 DOS 功能程序都设计成中断服务程序（有关中断及中断服务的内容，详见第 5 章），可用软中断指令调用执行。

软中断指令格式：INT n

软中断指令功能：调用中断号为 n 的中断服务程序。计算机系统为各种中断服务程序分配了中断号（一个 8 位的二进制编号），如分配给 DOS 功能程序的中断号范围是 20H~3FH。

4.5.2 调用 DOS 功能程序实现数据的输入/输出

DOS 功能程序是由 PC DOS 操作系统提供的一组系统程序，其中，中断号为 21H 的功能程序（简称 21H 号中断）是一个功能丰富的程序包，包括输入/输出、文件管理和目录管理等功能，是 DOS 的核心内容，在程序设计中使用最多。本节仅介绍 21H 号中断中几个与键盘数据输入和显示数据输出有关的功能及其调用方法。

21H 号中断中包含很多具体的操作功能，每种操作功能都有一个功能号（一个 8 位的二进制编号），调用时要指定功能号。此外，根据操作功能的不同，有的在调用时需要提供调用参数，有的则会在调用后产生返回参数。下面是调用 21H 号中断功能的一般步骤：

（1）AH←功能号；

（2）AL←子功能号（如果有子功能的话）；

（3）按要求设置调用参数（如果需要调用参数的话）；

（4）执行 INT 21H。

除最后一步外，其他步骤并无严格的顺序要求。

1．带回显的单字符输入功能

功能号：01H

调用参数：无。

返回参数：AL（包含所输入字符的 ASCII 码）。

该功能从键盘接收一个字符（字符 ASCII 码存于 AL），并在显示器上显示出该字符（即回显）。该功能将检测按键是否为组合键 Ctrl+C 或 Ctrl+Break，若是，则中止正在执行的程序。

该功能的调用方式十分简单，只需执行以下两条指令即可

```
MOV  AH,01H ;AH←功能号
INT  21H    ;功能调用
```

执行 INT 21H 后，程序等待从键盘输入一个字符，按下任意字符键后，功能调用即结束，所输入字符显示在显示器上，其 ASCII 码存于 AL 中。

2．单字符输出显示功能

功能号：02H

调用参数：DL（包含所需输出字符的 ASCII 码）。

返回参数：无。

该功能向显示器当前光标所在位置输出显示一个字符。如遇退格符（Backspace，ASCII 码 08H），则光标回退一格，但不清除该位置上的字符；如遇其他光标控制符，如回车符（ASCII 码 0DH）、换行符（ASCII 码 0AH）、横向制表符（Tab，ASCII 码 09H）等，则使光标按要求移动；如遇响铃符（Bell，ASCII 码 07H），则机内扬声器鸣响一次；如遇 Ctrl+C 或 Ctrl+Break，则中止正在执行的程序。

该功能的调用方式为

```
MOV  AH,02H                    ;AH←功能号
MOV  DL,待输出字符或其 ASCII 码    ;DL←待输出字符或其 ASCII 码
INT  21H                       ;功能调用
```

【例 4.13】 编写程序，从键盘输入两个一位十进制数，相加并显示其和。显示形式为

$$x+y=z$$

分析： 事实上，计算机没有直接的数值数据输入和输出功能。一方面，通过键盘输入的任何数据均为字符数据，因此，从键盘输入的一位十进制数实际上是一个数字符（ASCII 码），而一个多位十进制数则是一个数字串，需要先将其转换为数值才可用于计算。另一方面，计算所得结果为数值，但数值不能直接输出显示，必须将其各个数位依次转换为数字符来输出。

程序设计如下：

```
SSEG  SEGMENT  STACK;定义堆栈段
  DW  32 DUP(?)
SSEG ENDS
CSEG  SEGMENT        ;定义代码段
ASSUME  CS:CSEG,SS:SSEG
START: MOV  AH,01H ;调用 01H 号功能，输入第一个数字符
       INT  21H
       SUB  AL,30H ;将第一个数字符转换为数值
       MOV  BL,AL
       MOV  AH,02H ;调用 02H 号功能，输出显示一个加号
       MOV  DL,'+'
       INT  21H
       MOV  AH,01H ;调用 01H 号功能，输入第二个数字符
       INT  21H
       SUB  AL,30H ;将第二个数字符转换为数值
       ADD  AL,BL  ;两个数相加
       XOR  AH,AH  ;将和扩展为 16 位
       MOV  BL,10
       DIV  BL      ;将和除以 10，其商和余数即为和的两位十进制数
       ADD  AX,3030H;将两位数均转换为对应的数字符
       MOV  BX,AX
       MOV  AH,02H ;调用 02H 号功能，输出显示一个等号
       MOV  DL,'='
       INT  21H
       MOV  DL,BL  ;输出和的高位数字
```

```
              INT  21H
              MOV  DL,BH    ;输出和的低位数字
              INT  21H
              MOV  DL,0DH   ;输出回车符
              INT  21H
              MOV  DL,0AH   ;输出换行符
              INT  21H
              MOV  AH,4CH
              INT  21H
CSEG  ENDS
END  START
```

3. 不带回显的单字符输入功能

1）07H 号功能

调用参数：无。

返回参数：AL（包含所输入字符的 ASCII 码）。

该功能从键盘接收一个字符（字符 ASCII 码存于 AL），但不在显示器上回显，且不检测组合键 Ctrl+C 或 Ctrl+Break。

2）08H 号功能

调用参数：无。

返回参数：AL（包含所输入字符的 ASCII 码）。

该功能与 07H 号功能基本相同，但要对组合键 Ctrl+C 或 Ctrl+Break 进行检测处理。

由于不带回显，这两种功能可用于密码输入或按键触发等场合。

4. 字符串输出显示功能

功能号：09H

调用参数：DS:DX（包含所需输出字符串的串首地址）。

返回参数：无。

该功能输出的字符串必须以字符'$'作为结束符（'$'本身不被输出），因此，该功能无法输出字符'$'。

5. 字符串输入功能

功能号：0AH

调用参数：DS:DX（包含字符串输入缓冲区的首地址）。

返回参数：无。

该功能从键盘接收一个字符串，并存入指定的缓冲区中。该功能将对组合键 Ctrl+C 或 Ctrl+Break 进行检测处理。

使用该功能的关键，在于字符串输入缓冲区的定义。该缓冲区的定义格式如下：

缓冲区名　DB　n, ?, n DUP(?)

其中，首字节 $n(n \leqslant 255)$ 定义字符串存储区的最大字节数；第二字节预留(?)，用于填写实际输入的字符串串长（由该功能自动填写）；从第三字节开始，为输入字符串的实际存储区。

字符串输入以回车键结束，且回车符（ASCII 码 0DH）也将存入字符串存储区中，但

不计入实际串长。因此，该功能所能输入的字符串的实际长度最大为 $n-1$。若输入的字符数超过 $n-1$，则多余的字符不被接受，且按键时机内扬声器会鸣响警告，直到按回车键结束输入。

需要注意的是，该功能在按回车键结束输入后，光标会回到当前输入行的行首。如果程序在后面还有输出显示操作，则要进行光标位置的调整，以免产生显示混乱。

【例 4.14】 编写程序，从键盘输入一个字符串，将其中的小写英文字母转换为对应的大写英文字母后，再显示出来。

分析： 大写英文字母的 ASCII 码范围是 41H~5AH，小写英文字母的 ASCII 码范围是 61H~7AH。

程序设计如下：

```
SSEG  SEGMENT  STACK     ;定义堆栈段
  DW  32 DUP(?)
SSEG  ENDS
DSEG  SEGMENT            ;定义数据段
  BUF DB 50,?,50 DUP(?);定义字符串输入缓冲区，字符存储区最多50个字节
DSEG  ENDS
CSEG  SEGMENT            ;定义代码段
ASSUME  CS:CSEG,DS:DSEG,SS:SSEG
START: MOV  AX,DSEG
       MOV  DS,AX
       LEA  DX,BUF       ;设置缓冲区首地址
       MOV  AH,0AH       ;输入一个字符串，按回车键结束输入（光标回到当前行首）
       INT  21H
       LEA  SI,BUF+2；取串首地址
       MOV  CL,BUF+1；取串的实际长度
       MOV  CH,0         ;CX作为循环计数器
  LTOU: MOV  AL,[SI]     ;从串中取出一个字符
       CMP  AL,61H       ;判断是否为小写英文字母
       JB NEXT
       CMP  AL,7AH
       JA NEXT
       SUB  AL,20H       ;将小写英文字母转换为对应的大写英文字母
       MOV  [SI],AL              ;将转换后的字符存回原处
  NEXT: INC  SI
       LOOP LTOU
       MOV  BYTE PTR [SI],'$'  ;在串尾加上'$'符，用于字符串显示
       MOV  AH,02H       ;调用02H号功能，输出一个换行符，使光标移到下一行
       MOV  DL,0AH
       INT  21H
       MOV  AH,09H       ;显示字符串
       LEA  DX,BUF+2     ;设置串首地址
       INT  21H
       MOV  AH,4CH
       INT  21H
CSEG  ENDS
END  START
```

6. 先清除键盘缓冲区再输入

功能号：0CH

调用参数：AL（包含所需调用的键盘输入功能号：01H、07H、08H 或 0AH）；

其他参数：仅 0AH 号功能还需提供字符串输入缓冲区的首地址 DS:DX。

返回参数：对 01H、07H 和 08H 号功能，AL 包含所输入字符的 ASCII 码；对 0AH 号功能，无返回参数。

键盘缓冲区是由系统设置的一个具有"先进先出"特征的存储区，按键产生的字符总是先存入键盘缓冲区，然后再由具体的输入程序将其取出。有了键盘缓冲区，系统就能允许超前输入，即在执行输入操作之前键入字符。然而，在程序运行过程中，可能会在没有输入要求的情况下误按键盘，这时，按键产生的字符不会被正常接收，而是被暂存在键盘缓冲区中，这样，后续的输入操作就会直接从键盘缓冲区中提取字符，从而造成输入错误。0CH 号功能先清除键盘缓冲区，然后再调用 AL 指定的键盘输入功能进行输入，可以避免由于超前误按键盘而造成的输入错误。例如：

```
MOV  AH,0CH
MOV  AL,01H   ;清除键盘缓冲区后，调用 01H 号功能
INT  21H
```

又如

```
MOV  AH,0CH
MOV  AL,0AH   ;清除键盘缓冲区后，调用 0AH 号功能
LEA  DX,BUF   ;设置输入缓冲区首地址
INT  21H
```

4.5.3　调用 BIOS 功能程序实现数据的输入/输出

BIOS 功能程序是固化在系统 ROM 存储器中的一组输入/输出例行程序，它是直接面向输入/输出设备进行输入/输出操作的最低一级程序。DOS 系统的输入/输出功能也是在 BIOS 的支持下实现的。

BIOS 功能程序也通过软中断指令调用执行。由于直接面向设备硬件进行操作控制，因此，调用 BIOS 功能程序通常需要设置较多的硬件参数，没有相应的 DOS 功能程序使用方便。本节仅介绍 BIOS 功能程序中与字符的键盘输入和显示输出有关的几个功能及其调用方法。

1. 字符输入功能

分配给 BIOS 键盘功能程序的中断号为 16H（简称 16H 号中断），通过软中断指令 INT 16H 调用。下面介绍其 00H 和 01H 号功能。

（1）00H 号功能：从键盘缓冲区接收一个字符。

调用参数：无。

返回参数：AH（包含所接收字符的键盘扫描码）；

AL（包含所接收字符的 ASCII 码）。

调用方式：

```
MOV  AH,00H ;AH←功能号
INT  16H   ;功能调用
```

执行 INT 16H 后，如果键盘缓冲区中有字符（超前输入或其他输入操作产生的残留），则直接从缓冲区取出一个字符并返回结果；如果缓冲区为空，则等待按键，并返回所键入的字符。

该功能没有回显，也不改变光标位置。

（2）01H 号功能：检测键盘缓冲区中是否有字符可接收。

调用参数：无。

返回参数：如果键盘缓冲区中有字符，则读取该字符，并返回：

AH（包含所读取字符的键盘扫描码）；

AL（包含所读取字符的 ASCII 码）。

调用方式：

```
MOV  AH,01H ;AH←功能号
INT  16H   ;功能调用
```

该功能检测键盘缓冲区中是否有字符可读取，如果有，则置 ZF=0，并返回 AH 和 AL；如果没有，则置 ZF=1，不等待按键，也无返回。该功能执行后，不改变键盘缓冲区的状态，即使在读取字符后，该字符仍保留在缓冲区中，下次调用 00H 号功能时，仍将接收到该字符。

2．字符显示功能

分配给 BIOS 显示功能程序的中断号为 10H（简称 10H 号中断），通过软中断指令 INT 10H 调用。10H 号中断中既有字符显示功能，也有图形显示功能，本书仅介绍其字符显示功能及调用方法。

在调用字符显示功能时，需要涉及以下硬件参数。

1）字符的显示属性

字符的显示属性用于设定字符的前景颜色、背景颜色、是否高亮、是否闪烁等显示特性，是一个 8 位的二进制编码，也称属性字节。对现在使用的 VGA（视频图形阵列）显示系统，其字符的显示属性字节如图 4.12 所示，IRGB（I 高亮，R 红色，G 绿色，B 蓝色）可组成的颜色列于表 4.1 中。

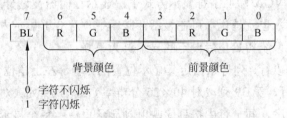

图 4.12　彩色字符显示属性字节

BIOS 的字符显示功能可以给每个要显示的字符设定显示属性，从而设计出丰富的显示效果。

表 4.1　IRGB 可组成的颜色

IRGB	颜　色	IRGB	颜　色
0000	黑	1000	灰
0001	蓝	1001	浅蓝
0010	绿	1010	浅绿
0011	青	1011	浅青
0100	红	1100	浅红
0101	品红	1101	浅品红
0110	棕	1110	黄
0111	白	1111	高亮白

2）显示方式

VGA 显示系统有多种字符和图形显示方式（本书只介绍其字符显示方式），每种显示方式均有一个方式号，可通过方式号设置所需的显示方式。表 4.2 中所列为 VGA 的标准字符显示方式。

表 4.2　VGA 的标准字符显示方式

方　式　号	分辨率（列×行）	颜　色
0 和 1	40×25	16 色
2 和 3	80×25	16 色
7	80×25	单色

彩色字符方式的颜色由彩色字符属性字节（见图 4.12）确定。单色字符方式的属性字节格式同图 4.12，但 RGB 只取 000（黑）和 111（白），如黑底白字（背景 000，前景 111），白底黑字（背景 111，前景 000）。比较特别的是，当背景为 000，前景为 001 时，显示带下画线的黑底白字。

系统初始化后设定的显示方式为方式 3。

3）显示页号

显示系统中有一个显示存储器，凡是要显示的内容（包括字符和图形）都要装入这个显示存储器中才能显示出来。显示存储器是计算机主存的组成部分，系统为其划分了特定的地址空间。

在表 4.3 所示的 VGA 标准字符显示方式下，显示存储器被划分成 8 页（页号 0~7），每页可存储一屏字符，也就是说，可在显示存储器中预存 8 屏显示内容，通过页号来选择当前需要显示的页。系统初始化后设定的显示页为第 0 页。

屏幕上的字符是以行、列号来指定其显示位置的；屏幕左上角位置为第 0 行、第 0 列，右下角位置为第 24 行、第 39 列（对 40×25 分辨率）或第 79 列（对 80×25 分辨率）。屏幕上的显示位置按行序，同一行中按列序映射到显示页中；每个显示字符在显示页中占用两个字节，其中偶地址字节存储字符的 ASCII 码，奇地址字节存储字符的显示属性。由此可见，对 40×25 分辨率，每屏可显示 1000 个字符，每页需 2000 个字节（实际分配 2KB，即 2048 字节），对 80×25 分辨率，每屏可显示 2000 个字符，每页需 4000 个字节（实际分配 4KB，即 4096 字节）。表 4.3 列出了 VGA 标准字符显示方式下，各显示页的起始地址（逻辑地址）。

表 4.3 VGA 标准字符显示方式显示页的起始地址（逻辑地址）

显示页号	各显示方式下，显示页的起始地址（十六进制表示）		
	方式 0、1	方式 2、3	方式 7
0	B800:0000	B800:0000	B000:0000
1	B800:0800	B800:1000	B000:1000
2	B800:1000	B800:2000	B000:2000
3	B800:1800	B800:3000	B000:3000
4	B800:2000	B800:4000	B000:4000
5	B800:2800	B800:5000	B000:5000
6	B800:3000	B800:6000	B000:6000
7	B800:3800	B800:7000	B000:7000

屏幕上一个字符的 ASCII 码在显示页中的存放地址（偏移地址）可用以下公式进行计算

$$2 \times 列数 \times 行号 + 2 \times 列号$$

该字符的属性字节存储于下一地址。

下面介绍 10H 号中断中与字符显示有关的一些功能及其调用方法。

（1）设置显示方式。

功能号：00H

调用参数：AL（包含所需设置的显示方式号，见表 4.2）。

返回参数：无。

调用方式：

```
MOV  AH,00H   ;AH←功能号
MOV  AL,方式号  ;AL←方式号
INT  10H      ;功能调用
```

（2）设置光标位置。

功能号：02H

调用参数：DH（包含行号）；

　　　　　DL（包含列号）；

　　　　　BII（包含页号）。

返回参数：无。

调用方式：

```
MOV  AH,02H  ;AH←功能号
MOV  DH,行号  ;DH←行号
MOV  DL,列号  ;DL←列号
MOV  BH,页号  ;BH←页号
INT  10H      ;功能调用
```

该功能将指定显示页上的光标设置（或移动）到行、列号所指的位置。

（3）读取光标位置。

功能号：03H

调用参数：BH（包含页号）。

返回参数：DH（包含光标位置行号）；

　　　　　DL（包含光标位置列号）；

　　　　　CH 和 CL（包含光标开始线和结束线，是体现光标样式的参数）。

调用方式：

```
MOV  AH,03H  ;AH←功能号
MOV  BH,页号  ;BH←页号
INT  10H     ;功能调用
```

该功能读取指定显示页上的光标位置。

（4）设置当前显示页。

功能号：05H

调用参数：AL（包含所需设置的显示页号）。

返回参数：无。

调用方式：

```
MOV  AH,05H  ;AH←功能号
MOV  AL,页号  ;AL←页号
INT  10H     ;功能调用
```

该功能将页号指定的显示页设置为当前显示页，屏幕上将显示出该页的内容（如果在显示存储器中有预置的话）。

（5）向上滚动屏幕。

功能号：06H

调用参数：AL（包含滚动行数，若为 0，则清除全屏）；

　　　　　CH 和 CL（包含滚动窗口左上角的行号和列号）；

　　　　　DH 和 DL（包含滚动窗口右下角的行号和列号）；

　　　　　BH（包含滚入空行的显示属性）。

返回参数：无。

调用方式：

```
MOV  AH,06H       ;AH←功能号
MOV  CH,左上角行号  ;CH←左上角行号
MOV  CL,左上角列号  ;CL←左上角列号
MOV  DH,右下角行号  ;DH←右下角行号
MOV  DL,右下角列号  ;DL←右下角列号
MOV  BH,显示属性    ;BH←滚入空行显示属性
INT  10H          ;功能调用
```

该功能将屏幕上由两个坐标设置的矩形窗口中的显示内容向上滚动指定的行数，而窗

口底部将滚入相应行数的空白行。

屏幕上滚不改变当前显示页，只是腾出了显示页尾部若干行的存储空间，以便后续的显示内容存入其中。当一屏显示满 25 行后，只有通过屏幕上滚，才能在当前显示页上继续显示下去。

（6）向下滚动屏幕。

功能号：07H

调用参数：AL（包含滚动行数，若为 0，则清除全屏）；

　　　　　CH 和 CL（包含滚动窗口左上角的行号和列号）；

　　　　　DH 和 DL（包含滚动窗口右下角的行号和列号）；

　　　　　BH（包含滚入空行的显示属性）。

返回参数：无。

调用方式：

```
MOV  AH,07H          ;AH←功能号
MOV  CH,左上角行号     ;CH←左上角行号
MOV  CL,左上角列号     ;CL←左上角列号
MOV  DH,右下角行号     ;DH←右下角行号
MOV  DL,右下角列号     ;DL←右下角列号
MOV  BH,显示属性       ;BH←滚入空行显示属性
INT  10H             ;功能调用
```

该功能将屏幕上由两个坐标设置的矩形窗口中的显示内容向下滚动指定的行数，而窗口顶部将滚入相应行数的空白行。

（7）在当前光标位置按指定属性显示字符。

功能号：09H

调用参数：BH（包含页号）；

　　　　　AL（包含所需显示字符的 ASCII 码）；

　　　　　BL（包含字符的显示属性）；

　　　　　CX（包含字符的重复显示次数）。

返回参数：无。

调用方式：

```
MOV  AH,09H          ;AH←功能号
MOV  BH,页号          ;BH←页号
MOV  AL,字符          ;AL←字符
MOV  BL,显示属性       ;BL←显示属性
MOV  CX,重复次数       ;CX←重复次数
INT  10H             ;功能调用
```

该功能在指定显示页的当前光标位置按指定的显示属性和重复次数显示字符。该功能不移动光标。

（8）在当前光标位置显示字符。

功能号：0AH

调用参数：BH（包含页号）；

AL（包含所需显示字符的 ASCII 码）；

CX（包含字符的重复显示次数）。

返回参数：无。

该功能与 09H 号功能相似，只是不用指定显示属性（即以光标位置原来的显示属性显示字符）。该功能不移动光标。

（9）以电传机方式输出显示字符。

功能号：0EH

调用参数：AL（包含所需显示字符的 ASCII 码）。

返回参数：无。

调用方式：

```
MOV  AH,0EH  ;AH←功能号
MOV  AL,字符  ;AL←字符
INT  10H     ;功能调用
```

该功能以类似电传机的方式，在当前页当前光标位置，按该位置原来的显示属性显示字符，并移动光标至下一位置。若字符在屏幕当前行的最后一列上显示，则显示完后，光标自动移到下一行第 0 列（行首），即自动回车换行；若显示完屏幕最后一行后仍需继续显示，则屏幕自动上滚一行，新的显示内容显示在滚入的空行中，空行的显示属性与其前一行相同。

如遇回车符（ASCII 码 0DH）、换行符（ASCII 码 0AH）、退格符（ASCII 码 08H）或响铃符（ASCII 码 07H），该功能则正常控制光标移动或响铃。

（10）读取当前显示参数。

功能号：0FH

调用参数：无。

返回参数：AL（当前显示方式）；

AH（屏幕字符列数）；

BH（当前显示页）。

调用方式：

```
MOV  AH,0FH  ;AH←功能号
INT  10H     ;功能调用
```

该功能读取当前显示参数。

（11）显示字符串。

功能号：13H

调用参数：BH（包含页号）；

ES:BP（包含待显示字符串的首地址）；

CX（包含待显示字符串的长度）；

DH 和 DL（包含显示字符串时的起始行号和列号）；

AL（包含字符串的显示方式）：

　　　　　　　0——用 BL 设置显示属性，显示后光标回原位；

　　　　　　　1——用 BL 设置显示属性，显示后光标移动；

　　　　　　　2——字符串结构为：字符，属性，字符，属性……，显示后光标回原位；

　　　　　　　3——字符串结构为：字符，属性，字符，属性……，显示后光标移动。

返回参数：无。

调用方式 1：对(AL)=0 或 1。

```
DSEG  SEGMENT
  STR  DB  'AbCd';定义待显示字符串
  N=$-STR          ;N 为串长
  ……
DSEG  ENDS
……
MOV  AX,DS        ;ES:BP←串首地址
MOV  ES,AX
LEA  BP,STR
MOV  CX,N         ;CX←串长
MOV  BH,页号       ;BH←页号
MOV  DH,行号       ;DH←行号
MOV  DL,列号       ;DL←列号
MOV  AL,0 或 1     ;AL←串显示方式
MOV  BL,显示属性    ;BL←显示属性
MOV  AH,13H       ;AH←功能号
INT  10H          ;功能调用
```

调用方式 2：对(AL)=2 或 3

```
DSEG  SEGMENT
  STR DB 'A',1EH,'b',2EH,'C',3EH,'d',4EH ;定义待显示字符串，每个字符
  后是属性
  N=($-STR)/2  ;N 为串长
  …
DSEG  ENDS
…
MOV  AX,DS        ;ES:BP←串首地址
MOV  ES,AX
LEA  BP,STR
MOV  CX,N         ;CX←串长
MOV  BH,页号       ;BH←页号
MOV  DH,行号       ;DH←行号
MOV  DL,列号       ;DL←列号
MOV  AL,2 或 3     ;AL←串显示方式
MOV  AH,13H       ;AH←功能号
INT  10H          ;功能调用
```

该功能在指定显示页和指定的起始位置，按指定的显示方式和显示属性显示字符串。

从四种串显示方式来看，方式 0 和 1 统一按 BL 中设置的显示属性显示串中每个字符，而方式 2 和 3 则可以单独设置各个字符的显示属性。当然，方式 2 和 3 的字符串定义比较繁琐。

需要注意的是，系统初始化后设定的显示页为第 0 页，光标也是定位在第 0 页上的。如果希望在其他显示页上显示，必须先用 05H 号功能和 02H 号功能设置显示页和光标位置。

此外，BIOS 的 10H 号中断调用会影响 SI、DI 和 BP 寄存器的内容，必要时需予以保护。

4.6　宏的定义与使用

宏也称为宏指令，是由程序设计者自己定义的一种超级指令。一条宏指令对应着一个语句序列（指令语句序列或伪指令语句序列），其功能就是这个语句序列的功能。宏指令经过定义后，就可以在程序中多次使用。因此，把程序中会多次用到的某个语句序列定义为宏指令，可以给程序设计带来方便。

4.6.1　宏定义、宏调用与宏展开

宏指令的定义和使用过程包括以下三个阶段：宏定义、宏调用和宏展开。其中，宏定义和宏调用由程序设计者完成，而宏展开则由宏汇编程序来完成。

1．宏定义

宏指令遵循"先定义，后使用"的原则。宏定义伪指令用于定义宏指令，其语句格式如下：

```
宏指令名  MACRO  [形式参数表]
        …… ；宏体
ENDM
```

其中，MACRO 为宏定义操作，ENDM 为宏定义结束操作。形式参数表用来说明宏指令使用时所需的参数，为可选项。宏体就是一个语句序列，这个语句序列的功能就是所定义的宏指令的功能。

形式参数简称形参，是程序设计者自己根据需要定义的一些符号，这些符号用来代替（或部分代替）宏体中某些语句的操作数项或操作项。若形参不止一个，相互间要用逗号隔开。形参本身没有确定的含义，这就意味着它所替代的操作数项或操作项在宏体中的含义也是不确定的、可变的，只有在宏调用（即使用宏指令）时，才会给这些形参赋予具体的含义，而且，每次宏调用可以给形参赋予不同的含义。因此，形参给宏指令的使用带来了很大的灵活性。当然，如果宏指令涉及的操作与操作数都是固定不变的，则不需要设置形参。

因为要求"先定义，后使用"，所以，宏定义通常被置于源程序的开始部分，即所有段定义之前。

2．宏调用

在源程序中使用经过定义的宏指令，称为宏调用。宏调用语句的一般格式为：

　　　　宏指令名　　［实际参数表］

　　实际参数简称实参，是具体使用宏指令时，用来确定各个形参实际含义的参数。当实参不止一个时，相互间以逗号分隔。正常情况下，实参的个数与排列顺序应与形参一致；当实参的数量多于形参时，宏汇编程序会忽略多余的实参，而当实参数量少于形参时，多出的形参则被置为空。

3. 宏展开

　　宏汇编程序在对包含宏调用的源程序进行汇编时，会用宏体中的语句序列替换宏调用语句，这称为宏展开。当然，宏展开后的语句序列中，所有形参均已被实参所取代。

【例 4.15】　定义一个字符输入宏指令和一个控制光标回车换行的宏指令。

```
CHAR_IN  MACRO  ;定义字符输入宏指令 CHAR_IN
    MOV  AH,01H
    INT  21H
ENDM
CRLF  MACRO  ;定义光标回车换行宏指令 CRLF
    MOV  AH,02H
    MOV  DL,0DH
    INT  21H
    MOV  DL,0AH
    INT  21H
ENDM
```

【例 4.16】　用宏指令完成两个双字类型变量的相加运算。

（1）宏定义。

```
DDADD  MACRO  D1,D2,D3  ;D1 和 D2 为两个双字类型变量的形参，D3 为结果变量形参
    MOV  AX,WORD PTR D1
    MOV  DX,WORD PTR D1+2
    ADD  AX,WORD PTR D2
    ADC  DX,WORD PTR D2+2
    MOV  WORD PTR D3,AX
    MOV  WORD PTR D3+2,DX
ENDM
```

（2）宏调用。

```
    ...
    DDADD  DAT1,DAT2,DAT3  ;第一次调用，三个实参均为数据段内定义的双字类型变量名
    ...
    DDADD  VAR1,VAR2,VAR3  ;第二次调用，三个实参均为数据段内定义的双字类型变量名
    ...
```

（3）宏展开。

```
    ...
    MOV  AX,WORD PTR DAT1  ;第一次调用展开的语句序列，实参取代了对应的形参
    MOV  DX,WORD PTR DAT1+2
```

```
ADD  AX,WORD PTR DAT2
ADC  DX,WORD PTR DAT2+2
MOV  WORD PTR DAT3,AX
MOV  WORD PTR DAT3+2,DX
…
MOV  AX,WORD PTR VAR1   ;第二次调用展开的语句序列，实参取代了对应的形参
MOV  DX,WORD PTR VAR1+2
ADD  AX,WORD PTR VAR2
ADC  DX,WORD PTR VAR2+2
MOV  WORD PTR VAR3,AX
MOV  WORD PTR VAR3+2,DX
…
```

宏指令的形参也可以用来替代宏体中某些语句的操作项，使得宏指令的操作功能随着宏调用时提供的实参不同而改变。

【例 4.17】 一个全功能寄存器移位操作宏指令的定义与使用。

（1）宏定义。

```
ANYSHIFT  MACRO  OPC,REG,CNT
    MOV  CL,CNT
    OPC  REG,CL
ENDM
```

（2）宏调用。

```
…
ANYSHIFT  SHL,AX,4   ;第一次调用
…
ANYSHIFT  ROR,BX,8   ;第二次调用
…
ANYSHIFT  SAR,DL,2   ;第三次调用
…
```

（3）宏展开。

```
…
MOV  CL,4   ;第一次调用展开的语句序列
SHL  AX,CL
…
MOV  CL,8   ;第二次调用展开的语句序列
ROR  BX,CL
…
MOV  CL,2   ;第三次调用展开的语句序列
SAR  DL,CL
…
```

宏指令的形参还可以用来部分替代宏体中某些语句的操作项或操作数项，但需要用&操作符将形参所替代的部分与未被替代的部分连接起来。

【例 4.18】　串传送宏指令的定义与使用。

（1）宏定义。

```
MOVSTR  MACRO  TYP,SRC,DST,N
        PUSH  DS  ;出于宏指令通用性的考虑，对所用到的寄存器进行保护
        PUSH  ES
        PUSH  SI
        PUSH  DI
        PUSH  AX
        PUSH  CX
        CLD
        MOV  AX,SEG SRC
        MOV  DS,AX
        LEA  SI,SRC
        MOV  AX,SEG DST
        MOV  ES,AX
        LEA  DI,DST
        MOV  CX,N
        REP  MOVS&TYP
        POP  CX
        POP  AX
        POP  DI
        POP  SI
        POP  ES
        POP  DS
ENDM
```

（2）宏调用。

```
        ...
        MOVSTR  B,SSTR,DSTR,50
        ...
```

（3）宏展开。

```
        ...
        PUSH  DS
        PUSH  ES
        PUSH  SI
        PUSH  DI
        PUSH  AX
        PUSH  CX
        CLD
        MOV  AX,SEG SSTR
        MOV  DS,AX
        LEA  SI,SSTR
        MOV  AX,SEG DSTR
```

```
      MOV  ES,AX
      LEA  DI,DSTR
      MOV  CX,50
      REP  MOVSB
      POP  CX
      POP  AX
      POP  DI
      POP  SI
      POP  ES
      POP  DS
      …
```

显然，宏调用方式与子程序调用方式是不同的。子程序调用是从调用程序转移到子程序，子程序执行完后，又从子程序返回到调用程序；子程序与其调用程序在空间上是分开的，子程序代码在程序中只有一份，即使被多次调用，其代码也不会重复产生。而宏调用则是把宏体展开后嵌入到宏调用语句所在的位置，把宏体中的语句直接作为调用程序的组成部分了。宏调用次数越多，宏体语句展开并嵌入其调用程序的次数就越多，调用程序的代码量也就越大。

从程序执行效率来看，宏调用比子程序调用效率高。因为，子程序调用要涉及转子、返回等附加操作，需要额外的时间开销，而宏指令经展开后就成为调用程序的一部分，执行时不需要额外的时间开销。此外，形参也使宏指令在使用上比子程序更加灵活，适应性更好。

4.6.2　宏定义中的指令标号

如果宏定义中使用了指令标号，且该宏指令被多次调用，则宏展开后会出现指令标号重复定义错误。为了解决这个问题，需要使用 LOCAL 伪指令将宏定义中的指令标号定义为局部标号。LOCAL 伪指令语句格式如下：

LOCAL　局部标号表

多个局部标号之间以逗号分隔。局部标号在宏展开时，会按其在局部标号表中出现的先后次序，依次用??0000，??0001，…，??FFFF 来代替；如果宏指令被多次调用，则宏展开后的指令标号按以上规则依序生成。

LOCAL 伪指令只能在宏定义中使用，且必须紧跟 MACRO 语句（中间甚至不能有注释语句）。

【例 4.19】 定义宏指令，将字类型有符号数据转换成十进制数字串。

（1）宏定义。

```
DTOS  MACRO  DAT,BUF  ;形参 BUF 代表数字串名，数字串长度为 6（5 个数字，1 个符号）
      LOCAL  NEXT,LOP,CONT,FIN  ;定义局部标号
      PUSH  SI
      PUSH  AX
```

```
              PUSH  BX
              PUSH  CX
              PUSH  DX
              LEA  SI,BUF
              MOV  BYTE PTR [SI], '+'  ;下面给有符号数字串设置符号，预置为正
              MOV  AX,DAT
              ADD  AX,0
              JNS  NEXT
              NEG  AX  ;若数为负，则将其转为正数冉做处埋
              MOV  BYTE PTR [SI], '-'  ;置负数符号
       NEXT: MOV  CX,5  ;下面将数字串初始化为全 0
        LOP: INC  SI
              MOV  BYTE PTR [SI],30H
              LOOP  LOP
              MOV  BX,10  ;下面将数转换为数字串
       CONT: CMP  AX,0
              JE  FIN
              XOR  DX,DX
              DIV  BX
              ADD  DL,30H
              MOV  [SI],DL
              DEC  SI
              JMP  CONT
        FIN: POP  DX
              POP  CX
              POP  BX
              POP  AX
              POP  SI
         ENDM
```

（2）宏调用。

```
              …
              DTOS  [BX],DSTR1  ;第一次调用
              …
              DTOS  -25769,DSTR2  ;第二次调用
              …
```

（3）宏展开。

```
              …
              PUSH  SI  ;第一次调用展开的语句序列
              PUSH  AX
              PUSH  BX
              PUSH  CX
```

```
        PUSH  DX
        LEA  SI,DSTR1
        MOV  BYTE PTR [SI], '+'
        MOV  AX,[BX]
        ADD  AX,0
        JNS  ??0000
        NEG  AX
        MOV  BYTE PTR [SI], '-'
??0000: MOV  CX,5
??0001: INC  SI
        MOV  BYTE PTR [SI],30H
        LOOP  ??0001
        MOV  BX,10
??0002: CMP  AX,0
        JE  ??0003
        XOR  DX,DX
        DIV  BX
        ADD  DL,30H
        MOV  [SI],DL
        DEC  SI
        JMP  ??0002
??0003: POP  DX
        POP  CX
        POP  BX
        POP  AX
        POP  SI
        …
        PUSH  SI   ;第二次调用展开的语句序列
        PUSH  AX
        PUSH  BX
        PUSH  CX
        PUSH  DX
        LEA  SI,DSTR2
        MOV  BYTE PTR [SI], '+'
        MOV  AX,-25769
        ADD  AX,0
        JNS  ??0004
        NEG  AX
        MOV  BYTE PTR [SI], '-'
??0004: MOV  CX,5
??0005: INC  SI
        MOV  BYTE PTR [SI],30H
        LOOP  ??0005
```

```
        MOV  BX,10
??0006: CMP  AX,0
        JE   ??0007
        XOR  DX,DX
        DIV  BX
        ADD  DL,30H
        MOV  [SI],DL
        DEC  SI
        JMP  ??0006
??0007: POP  DX
        POP  CX
        POP  BX
        POP  AX
        POP  SI
        ...
```

4.6.3　宏库的建立与使用

如果程序中需要定义的宏指令较多,也可以将它们集中起来单独建立一个文本文件,这称为宏库;宏库文件经常以 MAC 为其扩展名。当然,也可以将自己编程时常用的宏指令收集起来建一个宏库。宏库建立好后,可以用下面的 INCLUDE 伪指令语句将其内容包含到当前程序中

　　　　　INCLUDE　宏库文件名

其中的宏库文件名可以带完整的文件路径。

为了确保"先定义,后使用",INCLUDE 语句必须置于有关的宏调用之前,通常是作为源程序的第一条语句。

如果宏库中的部分宏指令在当前程序中用不上,可以在 INCLUDE 语句后用 PURGE 伪指令语句将其删除

　　　　　PURGE　宏指令名表

PURGE 只是在当前程序中删除不需要的宏指令,并不会对宏库造成影响。

习题

1. 设 x 为字节类型有符号变量,请编写程序,按以下函数关系求 y 的值并保存。

$$y = \begin{cases} x & (x < 1) \\ 2x - 1 & (1 \leqslant x < 10) \\ 3x - 11 & (x \geqslant 10) \end{cases}$$

2．编写程序，求一个字类型有符号数数组中的最大奇数，并存入指定变量中。

3．设有一个元素值按升序排列的字类型无符号数数组，请编写程序，求出其中出现次数最多的元素及其出现次数，并将结果保存到指定变量中。

4．设有一个字符串，请编写程序，分别统计出其中英文字母、数字符和空格的数量并保存。

5．设 A 和 B 是两个字类型有符号数数组，A 中存有 N1 个互不相同的非零元素，B 中存有 N2 个互不相同的非零元素，且 N1≤N2。试编写程序，找出 A、B 中共有的元素，并将它们存入 C 数组中。

6．编写程序，用选择排序法对一个无符号字节数组中的元素进行升序排序。

7．编写程序，用插入排序法对一个无符号字节数组中的元素进行降序排序。

8．编写程序，在一个字符串 STR 中搜索首次出现的子字符串 SUBSTR，若搜索成功，则将该子串从 STR 中删除，并将后续字符向前移动相应距离。字符串均以'$'作为结束符。

9．编写一个子程序，求两个无符号字节变量的最小公倍数。

10．编写一个子程序，用辗转相除法求两个无符号字节变量的最大公约数。

11．设计一个密码设置子程序，要求从键盘输入密码，密码长度为 6~12 个字符，并自定义一个密钥（一个 8 位二进制码）对密码串中的字符进行加密（加密方法自行设计，但必须能够解密），最后保存加密后的密码。

12．设计一个密码输入子程序，从键盘输入密码后，与题 11 中设置的密码进行比较，若相符，返回结果 1，若不相符，返回结果 0。

13．编写一个子程序，在一个升序有序的字节类型无符号数数组中，用折半查找法查找某个特定元素。若找到，返回该元素在数组中的序号（元素序号从 0 开始）；若未找到，则返回-1。

14．编写程序，统计某门课程考试成绩中各个分数段的人数，并计算出各分数段的人数比例（用字符串形式表示，如″30.12%″），然后按一定的格式，显示出总人数、各分数段人数及所占百分比。分数段划分：59 及以下（不及格），60~69，70~79，80~89，90~100。（提示：采用子程序结构。）

15．设计一个带有菜单选择功能的程序，菜单中包含两个选项：①求最小公倍数；②求最大公约数。要求从键盘输入两个 1~255 范围内的十进制数，按所选的功能，求其最小公倍数或最大公约数，并显示所求结果。（提示：采用子程序结构。）

16．设计一个训练小学生加法、减法和乘法运算的程序。用两个各含 100 个无符号字节数据的数组提供运算数据（依序从两个数组中各取一个数进行运算）；用菜单提示选择加法、减法或乘法运算；按下面的格式显示算式（用十进制；对减法，要用较大的数做被减数），并接收学生输入的答案

$$A+/-/\times B=$$

判断学生的答案是否正确，若正确，显示"Right！"，若错误，显示"Wrong！Try Again！"，并换行重新显示算式，接收学生答案，直到答案正确为止。一题做完后，询问是否继续，若继续，则显示下一题，否则结束训练（若 100 个训练题做完，也结束训练）。（提示：采

用子程序和子程序嵌套结构，并设计完善的人机交互界面。）

17．设计一个串比较宏指令，若两个串相同，则向指定变量存入 1，否则存入 0。

18．设计一个字符串显示宏指令。

19．设计一个宏指令，将一个字节类型数组中的元素全部相加，并将和存入指定的字类型变量。

20．设计一个宏指令，求一个字类型有符号数数组中的最大值，并存入指定变量。

中断技术基础

中断技术既是 CPU 管理、服务计算机系统的有效手段，也是程序设计的一种特殊技术。本章将概要介绍中断技术及 80x86 中断系统的基本概念，并在此基础上讲解中断服务程序的编写及应用技术。

 ## 5.1　什么是中断技术

CPU 作为计算机系统的核心部件，系统所进行的任何工作都离不开它，如执行人们提交给它的程序，处理系统内发生的硬、软件故障，为系统中的输入/输出设备提供服务等。从原理上说，CPU 无论做何种工作都是通过执行相应的程序来完成的。

除了执行人所提交的程序外，CPU 所做的其他工作都有明显的不确定性，即不能确定何时需要做（如不能确定故障何时会发生、键盘何时会被按下等）。因此，CPU 在执行一个程序期间，计算机系统中很可能会发生其他需要 CPU 去处理的事件（如发生了故障、键盘被按下等），如果这些事件比 CPU 正在执行的任务更为紧迫，就需要 CPU 暂停正在执行的程序，先去处理这些事件，处理完后，再返回到原来的程序继续执行。显然，这种突发事件把 CPU 正在执行的程序从中打断了，因此，这种工作方式被称为"中断方式"。为实现中断方式而采用的硬、软件技术称为"中断技术"。CPU 对突发事件的处理称为"中断服务"，而为完成中断服务所执行的程序称为"中断服务程序"。

中断技术是硬、软件结合的技术。硬件方面，在 CPU 内部有中断响应电路和中断允许与屏蔽电路，在 CPU 外部有中断控制器以及各个设备接口中的中断请求电路；软件方面，则需要编写各种初始化程序和中断服务程序。

5.2　80x86 中断系统简介

5.2.1　中断源类型

在一个计算机系统中，需要采用中断方式来处理的事件多种多样，通常把这些事件称为中断源。对 80x86 系统而言，中断源有以下几类。

（1）数据的输入/输出。一些中、低速输入/输出设备与 CPU 之间的数据传送（如键盘输入、打印机输出、系统时钟计时等）通常采用中断方式进行，这类中断源称为 I/O 中断。

（2）硬件故障。CPU 对硬件故障（如内存或 I/O 端口奇偶校验出错、电源故障等）的处理均采用中断方式，这类中断源称为硬件故障中断。

（3）软件故障。软件故障是指有符号数加减运算溢出、除法溢出、访存地址越界、内存分配失败等软件运行故障，而非程序的逻辑性错误。软件故障也采用中断方式处理，这类中断源称为软件故障中断。

（4）软中断指令（INT n）。执行软中断指令可以引发一次中断服务（如调用 DOS 或 BIOS 功能程序等），这类中断源称为指令中断。

以上四类事件中，前两类发生在 CPU 外部的硬件装置上，后两类发生在 CPU 内部所执行的程序上，因此，前两类中断被称为外部中断或硬件中断，而后两类中断则被称为内部中断或软件中断。

对内部中断，由于发生在 CPU 所执行的程序上，CPU 可以直接测知，因此，这类中断一旦发生，CPU 将自动进行相应的中断服务。一个例外是，CPU 不会自动检测有符号数加减运算溢出中断（简称溢出中断，当 OF 标志为 1 时发生），而需要在程序中执行 INTO 指令（一条特殊的软中断指令——溢出中断指令）调用 BIOS 的溢出中断服务程序进行处理（见例 3.57）。之所以如此，是因为加（ADD）、减（SUB）运算指令是有符号数和无符号数共用的，故而不能自动处理溢出中断。

与内部中断不同，外部中断发生在 CPU 外部，必须由发生中断的硬件装置发出信号通知 CPU，CPU 才能获知。外部硬件装置向 CPU 发出的中断通知信号称为中断请求信号。如前所述，外部中断包含 I/O 中断和硬件故障中断两类，这两类中断发出的中断请求信号是不同的。对硬件故障中断而言，由于硬件故障会严重影响计算机系统的正常工作，因此，CPU 一旦接到硬件故障中断请求信号，必须做出响应，无条件地去进行中断服务。所以，硬件故障中断也称为不可屏蔽中断（NMI），即不能不响应的中断。与此不同，I/O 中断请求是输入/输出设备需要与 CPU 进行数据传送的请求（如键盘请求 CPU 接收按键信息，打印机请求 CPU 发送下一个字符过来打印等），对这类中断请求，80x86 CPU 将根据标志寄存器中的 IF 标志（中断标志，见 1.3.1 节）的状态，决定是否做出响应（IF=1，响应；IF=0，不响应）。因此，I/O 中断也称为可屏蔽中断（INTR），即可以不予以响应的中断。

设置 IF 标志使用 STI 指令（IF←1）和 CLI 指令（IF←0）。当 CPU 响应可屏蔽中断请求时，会向中断请求方回应一个中断响应（INTA）信号。

5.2.2　中断号与中断向量表

一个计算机系统中有很多中断源，且不同的中断源需要 CPU 执行不同的中断服务程序来进行处理，因此要求 CPU 能够准确识别所有的中断源。为此，计算机系统给每个中断源都编了一个号，以此区分不同的中断源。中断源的编号称为中断号。

80x86 系统的中断号是一个 8 位二进制编号，可以给 256 个中断源编号。这些编号中，有一些已经固定分配给了特定的中断源，有一些被系统保留下来用于以后的扩充，有一些则提供给用户使用，让用户可以为自己设置的中断源编号。表 5.1 为 80x86 系统的中断号资源分配表。

表 5.1   80x86 系统中断号资源分配表

中　断　号	中　断　源	中　断　号	中　断　源
00H	除法溢出中断（BIOS 中断）	20H	程序终止（DOS 中断）
01H	单步中断（BIOS 中断）	21H	DOS 核心功能程序（DOS 中断）
02H	不可屏蔽中断（NMI，BIOS 中断）	22H~3FH	其他 DOS 中断
03H	断点中断（INT 3 指令，BIOS 中断）	40H~5FH	扩充的 BIOS 中断
04H	溢出中断（INTO 指令，BIOS 中断）	60H~6FH	用户可用
05H	屏幕打印中断（Print Screen，BIOS 中断）	70H~77H	扩充的可屏蔽中断（INTR，BIOS 中断）
06H~07H	保留	78H~7FH	未用
08H~0FH	可屏蔽中断（INTR，BIOS 中断）	80H~EFH	BASIC 使用
10H~1FH	其他 BIOS 中断	F0H~FFH	保留

全部 DOS 中断均为指令中断（通过执行 INT n 指令实现中断服务程序调用）。在 BIOS 中断中，中断号为 00H（除法溢出中断）、01H（单步中断）、02H（不可屏蔽中断）、05H（屏幕打印中断）的中断和所有可屏蔽中断，是由中断系统硬件控制实现中断服务程序调用的，其余的 BIOS 中断也是指令中断。DOS 和 BIOS 的这些指令中断均可在程序中使用（使用实例见 4.5 节）。

用户可以用中断号 60H~6FH 定义自己的中断源，并采用指令中断的方式进行中断服务程序调用。当然，用户要为此编写自己的中断服务程序。

对于表 5.1 中那些系统已经明确定义的中断源，其中断号在整个 80x86 系列计算机中是固定不变的（以此保证软件的兼容性），其中断服务程序也是在系统软件（如 BIOS 和 DOS）中编写好的，并在每次开机后，由系统启动程序自动装入内存的固定区域，以保证在中断发生时，CPU 能够找到并执行这些中断服务程序。但用户自定义的中断源都是临时性的，系统不会记住并固定它的中断号，也不会为其编写中断服务程序，更不会自动将其中断服务程序装入内存固定区域。中断号选择、中断服务程序编写、中断服务程序装入内存并获取其入口地址等一系列工作，都需要用户自己去做。这些工作完成后，用户才能通过执行 INT n 指令调用自己的中断服务程序。一旦关机，用户所做的上述工作全部作废，下次需要的话，又要重新再做一次。

如前所述，中断号是区分不同中断源的唯一标识。那么，中断发生时，CPU 是如何获取其中断号的呢？中断号是由中断源向 CPU 提供的，但不同类型的中断源提供中断号的方式有所不同。除法溢出中断、单步中断、不可屏蔽中断和屏幕打印中断的中断号是由专门的硬件电路提供的；可屏蔽中断是由专门的中断控制器（Intel 8259 芯片）统一管理的，其中断号由中断控制器提供；断点中断和溢出中断通过执行特殊的单字节软中断指令 INT 3（机器码 CCH）和 INTO（机器码 CEH）产生，CPU 只要执行这两条指令，就能固定获取中断号 03H 和 04H；DOS 中断和大部分 BIOS 中断的中断号均通过执行双字节的软中断指令 INT n（机器码 CDxxH）产生，该指令中的操作数 n（机器码中的后一字节 xxH）即为中断号。

CPU 获取中断号后如何找到并执行对应的中断服务程序呢？为了在中断发生时 CPU

能够及时执行其中断服务程序进行处理，系统中所有中断源的中断服务程序都是预先装入内存中的，但各自存放的区域不同，入口地址也不同。中断服务程序的入口地址也称中断向量，CPU 只有获取了所需执行的中断服务程序的中断向量，才能转到中断服务程序去执行。为了便于 CPU 获取中断向量，系统在内存中建立了一个中断向量表，所有中断向量按中断号的顺序依次存于表中，中断号小的存于前（低地址方向），中断号大的存于后（高地址方向）。有了中断向量表，CPU 只要根据中断号查表，就可获得对应的中断向量，并转去执行中断服务程序。

中断向量是一个逻辑地址，包含段地址和偏移地址，长度为 4 字节。80x86 系统的中断号共有 256 个，所以中断向量表要能够存储 256 个中断向量，共需占用 1024 字节（即 1KB）的存储空间。为了确保 CPU 查表成功，中断向量表在内存中的存储位置是固定的，每次开机，系统启动程序都会自动将中断向量表装入内存物理地址为 0~1023 的 1KB 空间中（也就是内存中地址最低的 1KB 空间）。在中断向量表中访问中断向量时，段地址设为 0000H，偏移地址就是中断号乘以 4 的乘积。图 5.1 所示为中断向量表的存储示意图。

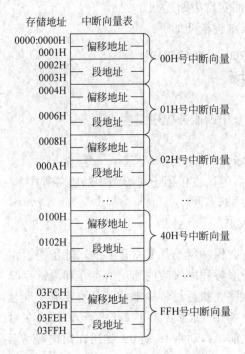

图 5.1　中断向量表存储示意图

CPU 按中断号在中断向量表中找到对应的中断向量后，将其段地址装入 CS，偏移地址装入 IP，即可转入中断服务程序执行。

中断向量表由系统管理，对系统所定义的中断，其中断向量都已固定，并已全部装入中断向量表。中断向量表作为系统的重要内容，被保存在系统磁盘上，每次开机启动时由系统启动程序将其复制到内存最低端。这样，各种系统中断就能得到服务了。

用户如果需要定义自己的中断，可通过在内存中访问中断向量表，向其中写入自己的中断向量，以实现自己定义的中断服务。当然，用户写入的中断向量并不会被保存到系统磁盘上；也就是说，系统磁盘上的中断向量表是固定不变的，每次使用的只是其复制到内存中的副本，副本可以在内存中修改，但不被保存到系统磁盘上。

5.2.3　中断服务程序及其调用与返回

中断服务程序在形式上被设计成过程（子程序）。与过程相似，中断服务程序也有调用与返回，分别称为中断调用与中断返回。指令中断的服务程序由软中断指令调用执行，其他类型的中断服务程序由中断系统的硬件自动调用执行。为了能够准确地实现中断返回，并保证原来的程序执行环境不被破坏，在中断调用过程中必须先完成标志寄存器和断点地址（即发生中断处的下一条指令的地址）保护（即将标志寄存器和断点处的 CS:IP 入栈），然后才能按中断向量转到中断服务程序执行。中断返回使用的是中断返回指令 IRET，它是中断服务程序的最后一条指令，其作用是从堆栈中弹出断点地址和标志信息，并分别置入 CS:IP 和标志寄存器，从而实现中断返回。

中断服务程序的一般结构框架如下：

```
过程名　PROC　[NEAR/FAR]
    [保护现场]
    [STI]
    过程体　;中断服务程序主体
    [CLI]
    [恢复现场]
    [发 EOI 命令]　;仅用于可屏蔽中断服务程序
    IRET　;中断返回
过程名　ENDP
```

对中断服务程序而言，保护现场是非常重要的，除了指定作为调用参数和返回参数的寄存器外，其他会被中断服务程序修改的通用寄存器和段寄存器（除 CS 外）都要入栈保护。如果允许中断服务程序在执行过程中响应其他可屏蔽中断（I/O 中断）请求，应在保护现场后执行 STI 指令，将 IF 标志置为 1（开中断），因为在中断调用过程中，硬件电路会在转到中断服务程序之前，自动将 IF 清 0。如果在保护现场后执行了 STI 指令，则应该在恢复现场前执行 CLI 指令，将 IF 标志清 0（关中断），以使后面的操作不被其他可屏蔽中断干扰。对可屏蔽中断服务程序，还要在中断返回之前发出中断结束（EOI）命令，以便从硬件上结束本次中断服务。

5.2.4　中断优先级与中断嵌套

有时，系统中可能会有多个中断源同时提出中断请求，但 CPU 一次只能为一个中断源服务，这就需要对提出中断请求的中断源排一个服务顺序。系统中各类中断源的服务顺序是预先定好的，称为中断优先级。设定中断优先级的依据，是各类中断事件的紧迫程度。

80x86 系统的中断优先级如图 5.2 所示。

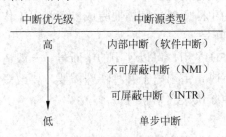

图 5.2　80x86 系统的中断优先级

当 TF 标志（陷阱标志）被设置为 1 时，CPU 每执行完一条指令就会产生一次单步中断（中断号 01H），去执行单步中断服务程序；至于单步中断服务程序的功能，可由使用单步中断的软件系统自行设计。单步中断一般只用于程序的调试，如在 debug.exe 中利用单步中断对程序单步执行，每执行完一条指令，就能对程序执行的所有中间结果进行观察与分析，以此达到程序调试的目的。在所有类型的中断里，单步中断的优先级是最低的。

从表 5.1 中可知，可屏蔽中断本身又包含 8 种（中断号 08H~0FH），它们也有不同的优先级。这 8 种中断的优先级，可通过对 8259 中断控制器编程来进行设置（有多种设置方式）；系统初始化程序是按"中断号越小，优先级越高"的方式设置这 8 种中断的优先级的，这也是系统的默认设置。

有了中断优先级，CPU 就会严格按优先级由高到低的顺序来进行中断服务。

CPU 在执行某个中断服务程序的过程中，又转去执行了另一个中断服务程序，这种现象称为中断嵌套。如果 CPU 在执行某个中断服务程序的过程中，出现了新的内部中断（如遇到了一条软中断指令或出现了除法溢出等），或发生了不可屏蔽中断，则由于这两类中断的不可屏蔽性，中断嵌套会立刻产生。如果 CPU 当前执行的中断服务程序不是可屏蔽中断类的服务程序，且中断服务程序中已开中断（执行了 STI 指令），则当可屏蔽中断发生时，也会产生中断嵌套。比较特殊的是，CPU 在执行一个可屏蔽中断服务程序的过程中，又发生了新的可屏蔽中断，这时，只有在当前执行的服务程序中已开中断，且新发生的中断的优先级高于正在服务的中断的优先级时，中断嵌套才会出现。

中断也可能形成多级嵌套，其嵌套深度没有限制。但由于每次中断处理过程都要利用堆栈进行断点地址及程序执行现场信息的保护，所以，中断嵌套的深度实际上受到堆栈容量的约束。所以，定义堆栈容量时，要充分考虑这个问题。

5.3　如何设置自己的中断服务

从程序设计的角度来看，中断服务程序调用也是一种特殊的程序设计技术，它可以设计出一种与具体程序无关的公用代码，供不同的程序以软中断的方式进行调用。

对于系统已经定义好的中断，其中断服务程序也由系统提供，计算机用户可以直接利用这些资源。例如，可以在自己的程序中直接用软中断指令调用所需的中断服务程序（如调用 DOS 和 BIOS 功能程序），可以直接利用系统提供的各种软、硬件故障中断服务程序进行故障处理，而无须自己编写这些程序。

如果用户要设置自己的中断服务，则需要完成以下几项工作。

1. 选择一个合适的中断号

由表 5.1 可知，60H~6FH 是用户可以使用的中断号。一般情况下，用户都应该在此范围内选择自己的中断号。有时，用户出于某种特殊需要，要改变系统中某个现有的中断服务功能，当然就直接用该中断原来的中断号。

2. 编写中断服务程序

编写中断服务程序与编写子程序类似，其结构框架见 5.2.3 节。

对于采用软中断指令调用的中断服务程序，往往要涉及参数传递问题。由于中断服务程序没有固定的宿主程序，因此，在与中断服务程序传递参数时，不能直接通过内存变量名来传递，但可以通过寄存器或堆栈来传递。此外，也可以通过向中断服务程序传递参数地址，以达到传递参数的目的。

需要注意的是，对于堆栈传递参数的情况，由于 IRET 指令不能清除堆栈中的参数（与 RET n 指令不同），所以需要中断服务的调用程序自己来清除。

3. 设置中断向量

将中断服务程序的入口地址装入中断向量表。

设中断号为 n，中断服务程序过程名为 INT_SER_PROC，则可用以下指令序列设置中断向量：

```
CLI                             ;关中断
MOV AX,0000H
MOV ES,AX                       ;将中断向量表的段地址装入 ES
MOV BX,4*n                      ;将 n 号中断向量的偏移地址装入 BX
MOV AX,OFFSET INT_SER_PROC      ;取中断服务程序入口的偏移地址
MOV ES:[BX],AX                  ;将中断服务程序入口的偏移地址装入中断向量表
MOV AX,SEG INT_SER_PROC         ;取中断服务程序的段地址
MOV ES:[BX+2],AX                ;将中断服务程序的段地址装入中断向量表
STI                             ;开中断
```

以上指令序列通过直接访问中断向量表的方式设置中断向量。此外，DOS 的 21H 号中断中也有专门的中断向量设置功能：

功能号：25H

调用参数：AL（包含中断号）；

　　　　　DX（包含中断服务程序入口的偏移地址）；

　　　　　DS（包含中断服务程序的段地址）。

返回参数：无。

上述中断向量设置过程也可用以下指令序列完成：

```
MOV DX,OFFSET INT_SER_PROC      ;中断服务程序入口的偏移地址装入 DX
MOV AX,SEG INT_SER_PROC         ;取中断服务程序的段地址
PUSH DS                         ;保护 DS
MOV DS,AX                       ;中断服务程序的段地址装入 DS
MOV AL,n                        ;中断号装入 AL
```

```
MOV  AH,25H                              ;功能号装入 AH
INT  21H                                 ;功能调用，完成中断向量设置
POP  DS                                  ;恢复 DS
```

如果用户是要改变系统中某个现有的中断服务功能，则需重新编写其中断服务程序，也要重新填写中断向量表，用新的中断向量替换原来的中断向量。但是，用户对现有系统中断服务的修改只是临时性的，当用户的任务执行完后，应该恢复原来的中断向量，使系统的中断服务恢复原状。这就需要在修改中断向量之前，保护原有的中断向量。下面假设 n 为某系统现有中断的中断号，新中断服务程序的过程名为 NEW_INT_PROC，则可用以下指令序列处理中断向量：

```
CLI                                      ;关中断
MOV  AX,0000H
MOV  ES,AX                               ;将中断向量表的段地址装入 ES
MOV  BX,4*n                              ;将 n 号中断向量的偏移地址装入 BX
PUSH ES:[BX+2]                           ;保护原中断向量中的段地址
PUSH ES:[BX]                             ;保护原中断向量中的偏移地址
MOV  AX,OFFSET  NEW_INT_ PROC            ;取新中断服务程序入口的偏移地址
MOV  ES:[BX],AX                          ;将新中断服务程序入口的偏移地址装入中断
                                         ;向量表
MOV  AX,SEG  NEW_INT_PROC                ;取新中断服务程序的段地址
MOV  ES:[BX+2],AX                        ;将新中断服务程序的段地址装入中断向量表
STI  ;开中断
```

该指令序列中的第 5 行和第 6 行的 PUSH 指令将原中断向量入栈保护，在用户任务完成后，再用 POP 指令从堆栈中取出原中断向量，并填写到中断向量表中原来的位置即可。

为避免用户直接访问中断向量表，DOS 的 21H 号中断中也提供了一个取中断向量的功能：

功能号：35H

调用参数：AL（包含中断号）。

返回参数：BX（包含中断向量中的偏移地址）；

　　　　　ES（包含中断向量中的段地址）。

以下指令序列用 21H 功能中的 25H 和 35H 号功能，实现上述保护原中断向量、设置新中断向量的工作：

```
MOV  AL,n                                ;中断号装入 AL
MOV  AH,35H                              ;功能号装入 AH
INT  21H                                 ;功能调用，取出原中断向量，并置于 ES:BX 中
PUSH ES                                  ;保护原中断向量中的段地址
PUSH BX                                  ;保护原中断向量中的偏移地址
MOV  DX,OFFSET  NEW_INT_PROC             ;新中断服务程序入口的偏移地址装入 DX
MOV  BX,SEG  NEW_INT_PROC                ;取新中断服务程序的段地址
PUSH DS                                  ;保护 DS
MOV  DS,BX                               ;新中断服务程序的段地址装入 DS
MOV  AH,25H                              ;功能号装入 AH
```

```
INT 21H                              ;功能调用，完成中断向量设置
POP DS                               ;恢复 DS
```

4．让中断服务程序驻留内存

这项工作并非必需。

通常，用户自定义的中断服务程序是作为一个过程，包含在用户的源程序中的。当用户程序执行结束后，它所占用的内存空间都会被操作系统收回，包括中断服务程序在内的全部程序代码都会作废。如此，这个中断服务程序就只能在包含它的程序范围内使用了。如果想让自己编写的中断服务程序能为其他程序、甚至其他用户所用，就必须使它在宿主程序结束后，仍能驻留内存。

DOS 的 21H 号中断中提供了一个终止当前程序，并将程序驻留内存的功能：

功能号：31H

调用参数：AL（包含一个返回码）；

DX（包含需要保留的内存大小，以节为单位）。

返回参数：无。

AL 中的返回码用来指出程序终止的原因：00H—正常终止；01H—用 Ctrl+C 终止；02H—因严重设备错误而终止；03H—因调用 31H 号功能而终止。描述所需保留的内存大小时，要指出欲保留的节数（1 节等于 16 字节）。

正确计算出欲保留的内存节数，是确保程序驻留成功的关键。每个程序在内存中，都有一个 256 字节（相当于 16 节）的程序段前缀（PSP，其内容可参阅相关资料）作为其头部，且 31H 号功能在保留内存时，是从 PSP 开始的，因此，在计算保留内存的节数时，必须计入 PSP 的 16 节。因为系统在为程序分配内存空间时，是按各个段定义的顺序依次分配的，所以，如果在欲保留的指令代码前，还定义有堆栈（段）和数据（段），也必须分别把它们折算成节数，并计入总节数中。指令代码部分要保留的内存，至少是从代码段起始处开始，到欲保留的代码全部包含在内为止的一块空间。当然，也可以将整个代码段全部保留。

【例 5.1】　将例 4.11 中的 STRTODEC 和 DECTOSTR 这两个过程改造成中断服务程序 INT_STRTODEC 和 INT_DECTOSTR，并驻留内存。

分析：首先，要在 60H~6FH 范围内为 INT_STRTODEC 和 INT_DECTOSTR 选择中断号，在此不妨选择 6AH 和 6BH；其次，要为两个中断服务程序设计好参数传递方式。考虑到堆栈传递参数不是很适合中断服务程序，在此都采用寄存器进行参数传递。具体参数传递方案如下。

（1）INT_STRTODEC。

中断号：6AH

调用参数：DS:SI（包含待转换的数字串的串首地址，串长不超过 10）；

CX（包含待转换的数字串的串长）；

DS:DI（包含转换结果的存储地址，一个双字单元的地址）。

返回参数：无。

（2）INT_DECTOSTR。

中断号：6BH

调用参数：DS:SI（包含待转换的数的存储地址，一个双字单元的地址）；

　　　　　　DS:DI（包含存放转换结果的存储区首地址）。

返回参数：无。

存放转换结果的存储区结构为

```
SUM  DB  ?,10 DUP(0)
```

其中，SUM 的首字节用于存放所转换的十进制数的实际位数，其后的 10 字节存储区用于存放转换所得的十进制数字串，且最低位数字存于最高地址端（即地址为 SUM+10 的单元）。

下面编写程序，对上述两个中断服务程序进行设计，并设置其中断向量，最后将其驻留内存。

```
SSEG  SEGMENT  STACK          ;定义堆栈段
  STLBL  DW  32 DUP(?)
  SLEN=($-STLBL+15)/16        ;SLEN 为堆栈段的节数
SSEG  ENDS
CSEG  SEGMENT                 ;定义代码段
ASSUME  CS:CSEG,SS:SSEG
INT_STRTODEC  PROC            ;定义中断服务程序 INT_STRTODEC
       PUSH  AX               ;保护现场
       PUSH  BX
       PUSH  DX
       PUSH  BP
       STI                    ;开中断
       XOR  AX,AX
       MOV  [DI],AX           ;置存放转换结果的存储单元初值为 0
       MOV  [DI+2],AX
 CONT: MOV  BX,10             ;下面将十进制数字串转换为对应的数值
       MUL  BX                ;将上一步转换结果的低位部分乘以 10
       PUSH  DX               ;保存到堆栈
       PUSH  AX
       MOV  AX,[DI+2]         ;取出上一步转换结果的高位部分
       MUL  BX                ;将上一步转换结果的高位部分乘以 10
       MOV  DX,AX             ;因转换结果只有 32 位，如超出，只能舍弃
       XOR  AX,AX
       POP  BX
       POP  BP
       ADD  AX,BX             ;将高、低两部分乘以 10 之后的结果相加→DX:AX
       ADC  DX,BP
       MOV  BL,[SI]           ;从数字串中取出一位数
       SUB  BL,30H            ;将其转换为对应数值
       XOR  BH,BH
       ADD  AX,BX             ;将该位数与前面求得的结果相加→DX:AX，完成一个数位的转换
       ADC  DX,0
       MOV  [DI+2],DX         ;保存转换结果的高位部分，低位部分将直接投入下一步转换
```

```
            INC  SI                  ;修改数字串指针,指向下一位数字
            LOOP  CONT               ;循环控制,进入下一步转换
            MOV  [DI],AX             ;保存最终转换结果的低位部分
            CLI                      ;关中断
            POP  BP                  ;恢复现场
            POP  DX
            POP  BX
            POP  AX
            IRET                     ;中断返回
    INT_STRTODEC  ENDP               ;中断服务程序 INT_STRTODEC 定义结束
    ;
    INT_DECTOSTR  PROC               ;定义中断服务程序 INT_DECTOSTR
            PUSH  AX                 ;保护现场
            PUSH  DX
            PUSH  BX
            PUSH  CX
            STI                      ;开中断
            PUSH  DI                 ;保护结果存储区首地址,后面还要使用
            ADD  DI,10               ;使 DI 指向存放结果数字串最低位的单元
            MOV  AX,[SI]             ;将待转换数的低位部分存入 AX
            MOV  DX,[SI+2]           ;将待转换数的高位部分存入 DX
            MOV  BX,10               ;BX 作为除数,转换采用"除10取余"法
            XOR  CL,CL               ;CL 清零,作为数字位数计数器
    BEGIN:  CMP  AX,0                ;判断转换结束条件
            JNE  CONV
            CMP  DX,0
            JE  OVER                 ;若需转换之数为 0,则结束转换
    CONV:   XOR  DX,DX               ;进入转换
            DIV  BX                  ;被除数低位部分除以 10
            PUSH  DX                 ;结果入栈保存
            PUSH  AX
            MOV  AX, [SI+2]          ;取出被除数高位部分
            XOR  DX,DX
            DIV  BX                  ;被除数高位部分除以 10
            MOV  [SI+2],AX           ;保存商的高位部分
            POP  AX
            MOV  [SI],AX             ;保存商的低位部分
            POP  AX                  ;AX 中为余数的低位部分
            CMP  DX,0                ;DX 中为余数的高位部分
            JE  GETONE               ;若余数高位部分为 0,则余数低位部分即为本次除 10 所得余数
            DIV  BX                  ;余数高位部分不为 0,则余数部分继续除以 10
            ADD  [SI],AX             ;修改商的值
            ADC  WORD PTR [SI+2],0
            MOV  AX,DX               ;将最终的余数存入 AX
    GETONE: ADD  AL,30H              ;将余数(即转换所得的一位十进制数)转换为数字符
```

```
        MOV  [DI],AL          ;将数字符存入结果存储区中恰当的位置
        DEC  DI               ;调整 DI 指针
        INC  CL               ;数字位数计数
         MOV AX, [SI]         ;取出新的被除数（即上一次除 10 所得的商）
        MOV  DX, [SI+2]
        JMP  BEGIN            ;转去继续实施转换
OVER:   POP  DI               ;从堆栈中取出结果存储区首地址
        MOV  [DI],CL          ;将数字位数存入指定位置
        CLI                   ;关中断
        POP  CX               ;恢复现场
        POP  BX
        POP  DX
        POP  AX
        IRET                  ;中断返回
INT_DECTOSTR ENDP             ;中断服务程序 INT_DECTOSTR 定义结束
;
CLEN=($-INT_STRTODEC+15)/16  ;CLEN 为欲保留的代码（含以上两个中断服务程序）的节数
;
;下面是主程序部分，完成中断向量设置，并实现程序驻留。主程序部分无须驻留内存
START:  MOV  DX,OFFSET  INT_STRTODEC  ;设置 INT_STRTODEC 的中断向量
        MOV  AX,SEG  INT_STRTODEC
        MOV  DS,AX
        MOV  AL,6AH           ;中断号 6AH
        MOV  AH,25H           ;25H 号功能，设置中断向量
        INT  21H              ;功能调用，完成中断向量设置
;
        MOV  DX,OFFSET  INT_DECTOSTR  ;设置 INT_DECTOSTR 的中断向量
        MOV  AX,SEG  INT_DECTOSTR
        MOV  DS,AX
        MOV  AL,6BH           ;中断号 6BH
        MOV  AH,25H           ;25H 号功能，设置中断向量
        INT  21H              ;功能调用，完成中断向量设置
;下面完成程序驻留
        MOV  AH,31H           ;功能号 31H 装入 AH
        MOV  AL,00H           ;返回码装入 AL
        MOV  DX,SLEN+CLEN+16  ;需保留内存的节数装入 DX，16 为 PSP 的节数
        INT  21H              ;功能调用，终止程序，并完成驻留
CSEG  ENDS                    ;代码段结束
END  START                    ;源程序结束
```

以上程序完成两个中断服务程序的中断向量设置并驻留内存后，其他程序就可以通过执行软中断指令来调用这两个中断服务程序。

【例 5.2】 在例 5.1 已将 INT_STRTODEC 和 INT_DECTOSTR 驻留内存的基础上，请编写程序，实现例 4.11 所要求的功能。

分析：因例 4.11 所要求的两种转换功能已由驻留内存的两个中断服务程序来完成，所

以本例只需编写一个程序（类似于例 4.11 中的主程序）来调用这两个中断服务程序即可。

程序编写如下：

```
SSEG  SEGMENT  STACK            ;定义堆栈段
  DW   32  DUP(?)
SSEG  ENDS
DSEG  SEGMENT   ;定义数据段
  DECSTR1  DB  "32798455"      ;任意定义十进制数字串 DECSTR1
  N1=$-DECSTR1                 ;N1 为数字串 DECSTR1 的串长（即数字位数）
  DECSTR2  DB  "1955782"       ;任意定义十进制数字串 DECSTR2
  N2=$-DECSTR2                 ;N2 为数字串 DECSTR2 的串长（即数字位数）
  DEC1  DD  ?                  ;DEC1 用于存放 DECSTR1 所对应的数值
  DEC2  DD  ?                  ;DEC2 用于存放 DECSTR2 所对应的数值
  BUF  DD  ?                   ;BUF 用于在计算过程中暂存数据
  SUM  DB ?,10 DUP(0) ;SUM 的首字节用于存放和的十进制数字位数,其后的 10 字节存储区
                      ;用于存放两数之和所对应的十进制数字串
DSEG  ENDS
CSEG  SEGMENT   ;定义主程序（调用程序）所在代码段
ASSUME  CS:CSEG,DS:DSEG,SS:SSEG
START: MOV  AX,DSEG
       MOV  DS,AX
       LEA  SI,DECSTR1   ;用 SI 传递 DECSTR1 的首地址
       MOV  CX,N1        ;用 CX 传递 DECSTR1 的串长
       LEA  DI,DEC1      ;用 DI 传递转换结果的存储地址
       INT  6AH          ;调用 6AH 号中断服务程序,将十进制数字串 DECSTR1 转换为数值
       LEA  SI,DECSTR2   ;用 SI 传递 DECSTR2 的首地址
       MOV  CX,N2        ;用 CX 传递 DECSTR2 的串长
       LEA  DI,DEC2      ;用 DI 传递转换结果的存储地址
       INT  6AH          ;调用 6AH 号中断服务程序,将十进制数字串 DECSTR2 转换为数值
       MOV  AX,WORD PTR DEC1  ;DEC1→DX:AX
       MOV  DX,WORD PTR DEC1+2
       ADD  AX, WORD PTR DEC2  ;DEC1+DEC2→DX:AX
       ADC  DX, WORD PTR DEC2+2
       MOV  WORD PTR BUF,AX  ;DX:AX→BUF
       MOV  WORD PTR BUF+2,DX
       LEA  SI,BUF       ;用 SI 传递 BUF 的首地址
       LEA  DI,SUM       ;用 DI 传递 SUM 的首地址
       INT  6BH          ;调用 6BH 号中断服务程序,将数值转换为十进制数字串并存入 SUM
       MOV  AH,4CH
       INT  21H
CSEG  ENDS
END  START
```

需要注意的是，只有在例 5.1 中的程序执行完后未重新启动系统的情况下，例 5.2 中

的程序才能顺利实现 6AH 号和 6BH 号中断服务程序的调用。如果在执行完例 5.1 中的程序后重新启动了系统，则前面所做的 6AH 号和 6BH 号中断向量设置和中断服务程序驻留均失效，在这种情况下，例 5.2 中的程序不可能得到正常地执行。

从表 5.1 中可知，中断号 08H~0FH 分配给了可屏蔽中断。其中，08H 号中断称为日时钟中断，该中断由系统中的定时/计数器以 18.2Hz（即每秒 18.2 次）的频率产生，其中断服务所完成的工作，是以 24 小时为周期，为系统提供计时信息。在 08H 号中断服务程序中，包含了一条 INT 1CH 指令，调用了 1CH 号中断服务程序，因此，1CH 号中断的产生频率也是 18.2Hz。但是，系统提供的 1CH 号中断服务程序仅包含了一条 IRET 指令，并无任何实质性的服务功能。实际上，1CH 号中断是系统提供给用户自行开发使用的一个中断，用户可以编写自己的 1CH 号中断服务程序，来完成一些具有定时要求的周期性的工作。

【例 5.3】 要求在不影响系统正常工作的前提下，在屏幕的最下面一行，自右向左不断周期性移动显示字符串"THIS IS MY COMPUTER"。

分析：可从以下几个方面确定设计的方向。

（1）由于要求周期性移动显示，因此需要周期性的时间控制。如前所述，采用 1CH 号中断服务，是实现稳定的时间控制的便捷途径。

（2）由于既要周期性移动显示字符串，又不能影响系统的正常工作，因此，周期性移动显示字符串工作不能独占 CPU。也就是说，不能让 CPU 专门单独运行周期性移动显示字符串的程序。因为那样的话，在结束字符串显示程序之前，CPU 就无法去执行系统中的其他任务。解决这个矛盾的有效方法，就是利用 1CH 中断来移动显示字符串，并将中断服务程序驻留内存。这样，定时未到时不会执行中断服务程序，系统可以去做其他工作，定时一到就产生中断，去调用 1CH 中断服务程序进行一次字符串的移动显示，显示完后，又返回到系统的正常工作中。1CH 中断每 1/18.2 秒产生一次，用户可自行设置计数参数来调整移动显示的速度。

（3）由于屏幕最下面一行（第 24 行）用于移动显示字符串，所以系统其他工作只能使用屏幕第 0~23 行。一旦光标移到第 24 行，就要将屏幕第 0~23 行向上滚动一行，而第 24 行不受影响。

（4）移动显示字符串时，从屏幕右端开始，每次向左移动一个字符位置，直到字符串最后一个字符移出屏幕左端，然后又从屏幕右端开始，逐渐向左移动显示，如此周期性循环显示下去。移动显示过程中，要特别注意字符串从右端移入和从左端移出这两个特殊阶段，因为在这两个段中，字符串只是部分显示的。此外，还要注意清除移动尾迹。

（5）由于本例需要比较精准的显示控制，所以应该采用 BIOS 的 10H 号中断功能（见4.5.3 节）来完成各种显示操作。

程序编写如下：

```
SSEG SEGMENT STACK          ;定义堆栈段
  STLBL  DW  32 DUP(?)
  STLEN=($-STLBL+15)/16      ;STLEN 为堆栈段的节数
SSEG  ENDS
CSEG  SEGMENT
ASSUME  CS:CSEG,SS:SSEG
```

```
    INT_1CH  PROC              ;定义新的 1CH 号中断服务程序
        PUSH  AX               ;保护现场
        PUSH  BX
        PUSH  CX
        PUSH  DX
        PUSH  BP
        PUSH  ES
        MOV   AX,CS
        MOV   ES,AX
        MOV   AH,0FH           ;功能号 0FH→AH, 准备读取当前显示参数
        INT   10H             ;调用功能，读取当前显示参数
        MOV   CS:[PAGENO],BH   ;保存当前显示页号
        MOV   AH,03H           ;功能号 03H→AH, 准备读取当前页的光标位置
        INT   10H             ;调用功能，读取当前页的光标位置
        CMP   DH,23            ;当前光标所在行号与 23 比较
        JNA   DISP             ;若未超过 23, 转 DISP
        MOV   AH,06H           ;若超过 23, 功能号 06H→AH, 准备将第 0~23 行向上滚动一行
        MOV   AL,1             ;设置滚动行数为 1
        MOV   CH,0             ;设置滚动区左上角行号为 0
        MOV   CL,0             ;设置滚动区左上角列号为 0
        MOV   DH,23            ;设置滚动区右下角行号为 23
        MOV   DL,79            ;设置滚动区右下角列号为 79
        MOV   BH,07H           ;设置新滚入行（即新的第 23 行）的显示属性为 07H（即黑底白字）
        INT   10H             ;调用功能，实现滚屏
        MOV   AH,02H           ;功能号 02H→AH, 准备设置光标位置
        MOV   BH,CS:[PAGENO]   ;取当前显示页号→BH
        MOV   DH,23            ;设置光标所在行号为 23
        MOV   DL,0             ;设置光标所在列号为 0
        INT   10H             ;调用功能，完成光标位置设置，光标位置(23,0)
  DISP: DEC   CS:[TIMER]       ;定时计数器 TIMER 减 1
        JNZ   EXIT             ;若未计到 0, 本次不做移动显示，转到 EXIT
        MOV   CS:[TIMER],2     ;若已计到 0, 则将 TIMER 恢复为初值 2, 并准备进行一次移动显示
        MOV   AH,13H           ;功能号 13H→AH, 准备进行一次字符串显示
        MOV   BH,CS:[PAGENO]   ;当前显示页号→BH
        MOV   BL,07H           ;移动显示字符串的显示属性→BL, 为黑底白字
        MOV   DH,24            ;显示所在行号 24→DH
        MOV   AL,0             ;字符串显示方式 0→AL
        MOV   DL,CS:[HEAD]     ;本次显示的串首位置（列号）→DL
        CMP   DL,0             ;判断串首是否已经移出屏幕左边界（第 0 列）
        JL    NSH  ;若串首已移出屏幕左边界，则转 NSH, 计算实际应从哪个字符开始显示
        LEA   BP,CS:[STR]      ;否则，将实际串首的偏移地址→BP, 段地址已在 ES 中
        MOV   CX,SLEN          ;需显示的字符串原始长度→CX
        CMP   CS:[TAIL],78     ;判断本次显示的串尾位置是否已进入屏幕右边界（第 78 列）
        JLE   SHOW             ;若串尾已进入右边界，则转 SHOW, 按串的原始长度完整显示串
        ADD   CX,78            ;否则，计算需显示的实际串长
```

```
        SUB   CL,CS:[TAIL]
        SBB   CH,0
        JMP   SHOW                    ;转 SHOW，按求得的实际串长显示串
  NSH:  LEA   CX,CS:[STR]             ;下面计算本次应从串的第几个字符开始显示
        NEG   DL
        ADD   CL,DL
        ADC   CH,0
        MOV   BP,CX                   ;将开始字符的偏移地址→BP，段地址已在 ES 中
        XOR   CH,CH                   ;下面订算本次实际需显示的串长
        MOV   DL,CH
        MOV   CL,CS:[TAIL]
        INC   CX                      ;实际需显示的串长→CX
 SHOW:  INT   10H                     ;调用功能，完成本次字符串显示
        DEC   CS:[HEAD]               ;一次显示完成后，修改串首和串尾位置，为下一次显示做准备
        DEC   CS:[TAIL]
        CMP   CS:[TAIL],0             ;判断串尾是否已移出屏幕左边界
        JGE   EXIT                    ;若尚未移出，则转 EXIT，准备结束本次操作
        MOV   CS:[HEAD],78            ;若串尾已移出左边界，则重新初始化串首和串尾位置，准备下一轮
        MOV   CS:[TAIL],78+SLEN-1
  EXIT: ;此处，新 1CH 号中断服务完成，准备调用原 1CH 号中断服务程序，兼顾其他用户的需求
        ;下面为原 1CH 号中断服务程序的返回，将标志寄存器和返回点地址入栈
        PUSHF                         ;标志寄存器内容入栈
        PUSH  CS                      ;返回点的段地址（即当前 CS）入栈
        LEA   AX,RETPT                ;取返回点的偏移地址
        PUSH  AX                      ;返回点的偏移地址入栈
        JMP   DWORD PTR CS:[OLD_1CH_IP]  ;用段间转移方式转入原 1CH 号中断服务程序
RETPT: POP   ES                       ;恢复现场
        POP   BP
        POP   DX
        POP   CX
        POP   BX
        POP   AX
        IRET  ;中断返回
;
;下面定义 1CH 中断服务程序所需的变量
PAGENO DB  ?          ;用于保存当前显示页号
HEAD   DB  78         ;串首位置（列号），初始值 78，为屏幕右边界位置
STR    DB  'THIS IS MY COMPUTER',20H  ;需显示的字符串，以空格符（20H）结束
SLEN=$-STR            ;SLEN 为串长
TAIL   DB  78+SLEN-1  ;串尾位置（列号），初始值 78+SLEN-1，在屏幕右边界之外
TIMER  DB  2          ;定时计数器，初始值 2，控制每隔 2/18.2 秒移动显示一次
OLD_1CH_IP  DW  ?     ;用于保存原来的 1CH 号中断向量的偏移地址
OLD_1CH_CS  DW  ?     ;用于保存原来的 1CH 号中断向量的段地址
;
INT_1CH  ENDP         ;1CH 号中断服务程序定义结束
```

```
        ;
        CLEN=($-INT_1CH+15)/16        ;需驻留内存的代码节数
        ;
        ;下面是主程序部分，保存原 1CH 号中断向量，设置新 1CH 号中断向量，并完成驻留
START:  MOV  AH,35H
        MOV  AL,1CH
        INT  21H
        MOV  CS:[OLD_1CH_IP],BX
        MOV  CS:[OLD_1CH_CS],ES
        ;
        MOV  DX,OFFSET  INT_1CH
        MOV  AX,SEG  INT_1CH
        MOV  DS,AX
        MOV  AL,1CH
        MOV  AH,25H
        INT  21H
        ;
        MOV  AH,31H
        MOV  AL,00H
        MOV  DX,STLEN+CLEN+16
        INT  21H
CSEG    ENDS
        END  START
```

本程序执行后，1CH 号中断服务程序被驻留内存，且每隔 1/18.2 秒被自动调用一次。在以上程序的设计中，采用了一些非常规的设计方法，对此做一些说明。

（1）在 INT_1CH 过程体中定义内存变量。由于 INT_1CH 过程是作为中断服务程序使用的，它不隶属于任何其他程序，因此，中断服务程序内部使用的内存变量不能依赖外部定义，而应包含在服务程序内部，自成一体。由于这种变量与代码放在一起，所以在访问时要用 CS 作为段前缀。

（2）保留并调用了原 1CH 号中断服务。由于 1CH 号中断是系统提供给用户自行开发使用的一个中断，因此，在本程序定义新的 1CH 号中断服务之前，系统的其他用户可能也定义了自己的 1CH 号中断服务。为了避免新的 1CH 号中断服务影响系统其他用户的正常工作，本程序保留了原 1CH 号中断向量，并在新的 1CH 号中断服务完成后，利用已保留的原 1CH 号中断向量，通过特殊的段间转移方式调用了原 1CH 号中断服务程序，这样就满足了系统其他用户对 1CH 号中断服务的要求。

此外，本程序把移动显示区的右边界定在了屏幕第 78 列，而不是屏幕真正的右边界第 79 列。这是为了避免造成屏幕显示混乱。虽然，10H 号中断的 13H 号功能在显示完字符串后，会将光标恢复到显示前的位置，但在显示过程中，光标还是会跟随显示过程向右移动的。如果将屏幕右边界定在第 79 列，那么，在第 79 列显示一个字符后，光标就会自动移到下一行。由于本例中的字符串是在屏幕最下面一行（第 24 行）上显示的，光标下移实际上会造成屏幕自动向上滚动一行（光标仍在第 24 行上），从而将所显示的字符串滚动

到屏幕的其他行，造成屏幕显示混乱。

　　定义显示用字符串 STR 时，串尾增加的空格符（ASCII 码 20H）是用来清除移动显示时产生的尾迹的。字符串每次向左移动一个字符位置，串尾的空格符正好覆盖掉上一次显示的最后一个有效字符，从而达到了清除移动尾迹的效果。

习题

　　1．设计一个求两个无符号字节数据最小公倍数的中断服务程序，并驻留内存。

　　2．设计一个求两个无符号字节数据最大公约数的中断服务程序，并驻留内存。

　　3．设计一个求百分比的中断服务程序（结果以字符串形式表示，如″30.12%″），并驻留内存。

　　4．要求在不影响系统正常工作的前提下，在屏幕的右下角位置，动态显示用机时间，格式如下，要求每秒钟更新一次。

```
hh:mm:ss
```

附录A 宏汇编语言程序的上机过程

宏汇编（MASM）是微软推出的 8086 系统最流行的汇编语言版本。本附录简要介绍其 5.0 版（即 MASM 5.0）环境下的汇编语言程序上机过程。

一个汇编语言程序的上机过程主要分为以下四个阶段：

（1）编辑源程序，产生源程序文件；

（2）对源程序文件进行汇编，产生目标文件；

（3）对目标文件进行连接，产生可执行文件；

（4）运行可执行文件。

鉴于宏汇编系统的工作环境是 DOS 环境，而非现在通行的 Windows 环境，本附录先简要介绍 DOS 环境下的工作特点，以及几个常用的 DOS 命令，然后介绍汇编语言上机过程各个阶段的处理工具和处理方法。

A.1 DOS 简介

DOS 是"磁盘操作系统"的英文缩写。现在所说的 DOS，均指微软公司为 IBM-PC 系列微机开发的 MS-DOS 操作系统。

与 Windows 操作系统通过可视化的菜单操作来执行各种任务不同，DOS 需要使用者通过键盘输入各种命令来进行操作。进入 DOS 环境后，屏幕上会显示出 DOS 的命令提示符 ">"，其左侧显示出当前所处的磁盘文件路径，而光标位于其右侧，等待输入 DOS 操作命令。例如：

```
C:\>_
```

或

```
E:\MASM>_
```

前者表示当前所处的磁盘文件路径是 C:盘的根目录，而后者则指出当前所处的磁盘文件路径是 E:盘的 MASM 子目录。DOS 所称的子目录，就是 Windows 中的文件夹。在对当前目录下的文件进行操作时，不必描述文件的路径，但若要操作其他路径下的文件，则必须描述其完整路径。

可以在 DOS 命令提示符下执行的命令，分为内部命令和外部命令两类。内部命令是 DOS 系统所定义的命令，包含在 DOS 系统文件 COMMAND.COM 中，只要进入 DOS 系统就可以使用。外部命令则以可执行文件（扩展名为.COM 或.EXE）的形式存在。从某种意义上说，用户自行设计的可执行程序也是一种外部命令。命令的执行方式很简单，只需在命令提示符下输入命令，再按回车键即可。

下面介绍几个常用的 DOS 内部命令。

1. 改变当前工作磁盘命令

命令格式：**盘符:**

例如：

```
C:\>D:
```

该命令将当前工作磁盘改为 D:盘，屏幕显示变为

```
D:\>_
```

2. 改变当前工作目录命令

命令格式：**CD 新目录路径**

根据新目录路径与当前目录路径的不同关系，该命令有以下几种用法：

1）新目录路径是另外一个盘上的某个目录

此时，新目录路径必须是完整路径，例如：

```
D:\MYFILE>CD E:\MASM\NEWFILE
```

该命令执行后，屏幕显示变为

```
E:\MASM\NEWFILE>_
```

2）新目录路径是当前盘上另一条路径上的某个目录

此时，新目录路径可以不带盘符，但必须描述完整，例如：

```
D:\MYFILE>CD \VC\MYPROG
```

该命令执行后，屏幕显示变为

```
D:\VC\MYPROG>_
```

3）新目录路径是当前路径上的下级子目录

此时，不必描述完整路径，只需把包含下级子目录的部分路径描述出来即可，例如：

```
D:\MYFILE>CD MYDOC\ASMFILE
```

该命令执行后，屏幕显示变为

```
D:\MYFILE\MYDOC\ASMFILE>_
```

4）返回到当前目录路径上的上一级目录

对此，有一个简单的方法，即以 ..作为新路径。例如：

```
D:\MYFILE\MYDOC\ASMFILE>CD ..
```

则命令执行后，屏幕显示变为

```
D:\MYFILE\MYDOC>_
```

5）直接返回到当前盘的根目录

只要以\作为路径，即可直接返回到当前盘的根目录。例如：

```
D:\MYFILE\MYDOC\ASMFILE>CD \
```

则命令执行后，屏幕显示变为

```
D:\>_
```

3. 建立新目录命令

命令格式：MD 新目录路径

该命令的常用方法有：

1）在当前目录路径下建立一个新的子目录

此时，只需在命令中给出新子目录名即可。例如：

```
E:\MASM\NEWFILE>MD ASMFILE
```

该命令执行后，就在路径 E:\MASM\NEWFILE 下新建了一个子目录 ASMFILE。

2）在非当前目录路径下建立一个新的子目录

此时，要在命令中描述新子目录的完整路径。例如：

```
E:\MASM\NEWFILE>MD D:\MYFILE\MYDOC\VCFILE
```

该命令执行后，就在路径 D:\MYFILE\MYDOC 下新建了一个子目录 VCFILE。

需要说明的是，MD 命令在建立新目录后，不会自动转到新目录路径，而是仍停留在原目录路径下。如需转到新目录路径，可用 CD 命令。

4. 删除目录命令

命令格式：RD 目录路径

该命令将删除目录路径所指定的目录。需要指出的是，该命令只能删除空目录，若目录中仍有文件或下级子目录，则须先将它们删除，最后才能删除该目录。

5. 目录文件列表命令

命令格式：DIR [目录路径][文件说明][/P][/W]

该命令将指定目录路径下的文件（包括子目录）按一定的要求列表显示出来。方括号（[ ]）表示是可选项。

1）列出当前目录下的所有文件（包括子目录）

此时直接输入 DIR 回车即可，无需其他选项。例如，下面列出的是路径 E:\MASM\ASMFILE 下的所有文件（包括子目录）。

```
E:\MASM\ASMFILE>DIR
Directory of E:\MASM\ASMFILE\.
.                  <DIR>           10-08-2017 18:14
..                 <DIR>           10-08-2017 17:33
MYPROG             <DIR>           10-08-2017 18:14
DEBUG     EXE         20,634 14-07-2009  5:40
EDIT      COM         69,886 11-07-2017 12:24
EXP5_1    ASM          2,355 29-07-2017 17:23
LIB       EXE         32,150 31-07-1987  0:00
LINK      EXE         64,982 31-07-1987  0:00
MASM      EXE        103,175 31-07-1987  0:00
     6 File(s)         293,182 Bytes.
     3 Dir(s)      262,111,744 Bytes free.

E:\MASM\ASMFILE>_
```

上面的显示列表中，从左向右看，第一列是文件名（或子目录名），第二列是扩展名，第三列是文件长度（字节数），第四列和第五列分别是文件的保存日期和时间。此外，带有 <DIR> 标志的是子目录，如列表中的 MYPROG。列表中的第一行和第二行是两个特殊的目录标志，其中，"."表示当前目录，而".."表示当前目录的上一级目录。例如，可用"DIR .." 命令列出上一级目录的内容。

2）列出指定目录路径下的所有文件（包括子目录）

此时，只要在 DIR 命令中描述一个目录路径即可，例如：

```
D:\MYFILE\MYDOC>DIR \VC\MYPROG
```

3）列出指定目录路径下满足文件说明的所有文件

文件说明可以是一个完整的文件名，例如：

```
E:\MASM\ASMFILE>DIR EXP5_1.ASM
```

将列出 E:\MASM\ASMFILE 下的 EXP5_1.ASM 文件的相关信息。

文件说明中，可以用符号"*"来取代（或部分取代）文件名或扩展名。"*"号的含义是"任意的"。例如：

```
E:\MASM\ASMFILE>DIR *.EXE
```

将列出当前目录路径下，所有扩展名为.EXE 的文件信息（*号置于文件名部分，表示文件名部分任意）；又如

```
D:\MYFILE\MYDOC>DIR \VC\MYPROG\SORT.*
```

将列出 D:\VC\MYPROG 目录路径下，所有文件名为 SORT（扩展名任意）的文件信息。再如

```
E:\MASM\ASMFILE>DIR EXP*.ASM
```

将列出当前目录路径下，文件名头三个字符为 EXP（其他字符任意），且扩展名为.ASM 的所有文件信息。

如果目录中的文件比较多，列表显示的行数超过一屏，则在显示过程中屏幕会自动上滚，造成部分文件信息移出屏幕而无法看到。此时，可在 DIR 命令中用/P 选项进行分页显示，每显示满一屏后会暂停，待按任意键后再显示下一页。例如：

```
D:\MYFILE\MYDOC>DIR/P
```

将分页显示当前目录路径下的所有文件。

/W 选项可以按宽格式显示文件信息，此时，所有文件排成五列显示在屏幕上（只显示文件名和扩展名，其他信息不显示），从而可在屏幕上显示更多的文件。

6．文件删除命令

命令格式：DEL [目录路径]文件说明

该命令删除指定目录路径下，符合文件说明的所有文件。文件说明中可以使用*号。

需要特别注意的是，若 DEL 命令中没有文件说明，则认为是删除指定目录路径下的所有文件（相当于文件说明为*.*）。

7．文件复制命令

命令格式：COPY [目录路径 1]文件说明 1 [目录路径 2]文件说明 2

该命令将"目录路径 1"下由"文件说明 1"所描述的文件，复制到"目录路径 2"下由"文件说明 2"所描述的文件上。

若"目录路径 2"与"目录路径 1"相同，则"目录路径 2"可以省略，但"文件说明2"不能与"文件说明 1"相同，否则会破坏文件内容。若"目录路径 2"与"目录路径 1"不同，但"文件说明 2"与"文件说明 1"相同，则"文件说明 2"可以省略。

8．文件更名命令

命令格式：REN [目录路径]文件说明 1 文件说明 2

该命令将指定目录路径下由"文件说明 1"所描述的文件，更名为"文件说明 2"。

例如：

```
E:\MASM\ASMFILE>REN EXP5_1.ASM EXP5_2.ASM
```

将当前目录路径下的文件 EXP5_1.ASM，更名为 EXP5_2.ASM。

9．清屏命令

命令格式：CLS

该命令清除屏幕，清屏后，命令提示符回到屏幕顶行（第 0 行）。

这里介绍的几个 DOS 命令，只是全部 DOS 命令中的一小部分，但对于汇编语言程序上机操作而言，已经够用了。实际上，DOS 系统所具有的功能，Windows 系统都有，因此，各种目录操作和文件操作等，也都可以在 Windows 系统下来完成。只是能在 DOS 系统下做的话，可以避免在两个系统之间频繁切换的麻烦。

除了 DOS 命令外，用户自己建立的可执行文件，也是在 DOS 命令提示符下执行的。

从 32 位 Windows（x86）环境（如 Windows XP 和 32 位 Win 7 等）转入 DOS 环境时，只需在 Windows 的"附件"中单击"命令提示符"，或在"附件"中单击"运行"，然后在其弹出框中输入"cmd"并单击"确定"，即可进入 DOS 环境。

对 64 位 Windows（x64）系统的用户，虽然也可以通过上述方法进入 DOS 环境，也能执行各种 DOS 命令，但不能运行宏汇编语言的所有系统程序（如汇编程序、连接程序等），也不能执行用宏汇编语言设计的程序。因为 x64 系统已经不兼容 32 位以下的软件了。为此，有软件开发团体开发出了一些 DOS 模拟器（如 DOSBox 等），只要在 x64 系统中安装上

DOS 模拟器，就可以在模拟的 DOS 环境下工作了。不过，有的 DOS 模拟器（如 DOSBox）只模拟了 DOS 内部命令，如需执行 DOS 外部命令，还需找到相应的外部命令文件才行。

A.2 宏汇编语言程序上机所需的软件支持

宏汇编语言程序上机需要以下系统程序支持。

（1）文本编辑器 EDIT.COM。文本编辑器用来编辑汇编语言源程序（标准扩展名.ASM）。

（2）宏汇编程序 MASM.EXE。该程序用于对汇编语言源程序进行汇编，产生对应的目标文件（即源程序的二进制代码文件，标准扩展名.OBJ）。

（3）连接程序 LINK.EXE。该程序用于对目标文件进行连接，形成可执行文件（标准扩展名.EXE）。

（4）调试程序 DEBUG.EXE。该程序用来对连接生成的可执行文件进行调试，以找出并排除其中的错误。

为了使用方便，最好将上述程序集中存放在同一个文件目录中。上述程序都需要在 DOS 环境中运行（源程序编辑也可以使用 Windows 环境下的文本编辑器）。对 x64 系统，还必须安装 DOS 模拟器并进入模拟 DOS 环境，才能运行这些程序。下面在介绍这些系统程序的使用时，均假设它们处于可运行环境中，不再一一强调。

A.3 编辑源程序

汇编语言源程序文件是一个纯文本文件，其标准的文件扩展名为.ASM。源程序文件的编辑需要用文本编辑器。

编辑源程序既可以在 DOS 环境，也可以在 Windows 环境进行。

在 DOS 环境下，可用文本编辑器 EDIT.COM 来编辑源程序。对 x86 系统，"EDIT"是一个 DOS 外部命令，无论当前处于什么目录路径，都可以在 DOS 命令提示符下使用 EDIT 命令来编辑文本文件；但在 x64 系统中，"EDIT"不是 DOS 命令，而是一个普通的可执行程序，必须精确描述出 EDIT.COM 的文件路径，才能运行该文本编辑器。下面分两种情况说明 EDIT 编辑器的使用。

（1）在 x86 系统中（或在 x64 系统中，且 EDIT.COM 包含在当前目录路径下），可在 DOS 命令提示符下输入以下命令进行文本文件编辑：

```
EDIT [文本文件保存路径\]文本文件名.扩展名
```

例如，设当前目录路径为 E:\MASM\ASMFILE（对 x64 系统，设 EDIT.COM 在此路径下），要在当前目录路径下编辑一个汇编语言源程序 PROG1.ASM，输入以下命令即可：

```
E:\MASM\ASMFILE>EDIT PROG1.ASM
```

宏汇编语言源程序对所用英文字母的大小写不敏感，在程序的编排格式上也没有严格的规定，只要程序语句符合语法规则，且每行只包含一条语句即可。

（2）在 x64 系统中，若 EDIT.COM 不在当前目录路径下，可在 DOS 命令提示符下输入以下命令进行文本文件编辑：

```
EDIT.COM 所在路径\EDIT [文本文件保存路径\]文本文件名.扩展名
```

若所编辑的文本文件就保存在当前目录路径下，则不必描述其保存路径。

例如，设当前目录路径为 E:\，而 EDIT.COM 处在目录路径 E:\MASM\ASMFILE 下，若要编辑一个汇编语言源程序 PROG2.ASM，且保存到 E:\MASM 路径下，可以输入以下命令：

```
E:\>E:\MASM\ASMFILE\EDIT E:\MASM\PROG2.ASM
```

如果在 Windows 环境下编辑汇编语言源程序，可以用"附件"下的"写字板"或"记事本"作为文本编辑器。

注意：用写字板编辑时，务必选择保存类型为"文本文档"或"文本文档-MS-DOS 格式"（最好是"文本文档-MS-DOS 格式"）来保存源程序文件。

A.4　对源程序进行汇编

源程序文件编辑好之后，要用宏汇编程序 MASM.EXE 对其汇编，产生目标文件（即程序的二进制代码文件，标准扩展名.OBJ）。

MASM.EXE 的基本用法是：在 DOS 命令提示符下输入以下命令：

[MASM.EXE 所在路径\]MASM [源程序文件所在路径\]源程序文件名[.扩展名]

如果 MASM.EXE 和源程序文件都在当前目录路径下，则可以省略其路径描述；如果源程序文件扩展名为标准扩展名.ASM，也可省略。

例如，设当前目录路径为 E:\MASM\ASMFILE，且 MASM.EXE 和源程序文件 PROG1.ASM 都在当前目录路径下，则源程序的汇编命令及其汇编过程如下：

```
E:\MASM\ASMFILE>MASM PROG1
Microsoft (R) Macro Assembler Version 5.00
Copyright (C) Microsoft Corp 1981-1985, 1987.  All rights reserved.

Object filename [PROG1.OBJ]: PROG1.OBJ
Source listing  [NUL.LST]:
Cross-reference [NUL.CRF]:

  51562 + 464982 Bytes symbol space free

      0 Warning Errors
      0 Severe  Errors

E:\MASM\ASMFILE>_
```

输入 MASM 命令（注意所做的省略）后，进入汇编过程。在此，要求先输入三个文件名：Object filename、Source listing 和 Cross-reference。其中，Object filename 就是汇编所

产生的目标文件名，这是必须确定的。不过，MASM 已在方括号（[ ]）内给出了默认的目标文件名（文件名与源程序文件名相同，扩展名为标准的.OBJ，本例中为 PROG1.OBJ），如确认以此为最终的目标文件名，则不必再输入目标文件名，直接按回车键回应即可。至于 Source listing 和 Cross-reference 这两个文件，一般都没必要生成，可直接用回车键作为回应（表示不生成相应的文件，这也是默认的选择）。

确认完上述文件名后，开始进行汇编。如在汇编过程中检查出源程序中存在语法方面的错误，则会列出错误信息，并在最后给出警告性错误（Warning Error）和严重错误（Severe Error）的数量统计结果（本例中未出现任何语法错误，所以没有出现错误信息，统计结果均为 0）。警告性错误不影响目标文件的产生，但如果出现严重错误，则不会产生目标文件。

下例是有错误信息显示的汇编过程。

```
E:\MASM\ASMFILE>MASM PROG1
Microsoft (R) Macro Assembler Version 5.00
Copyright (C) Microsoft Corp 1981-1985, 1987.  All rights reserved.

Object filename [PROG1.OBJ]:
Source listing  [NUL.LST]:
Cross-reference [NUL.CRF]:
PROG1.ASM(6): error A2009: Symbol not defined: SSEG
PROG1.ASM(10): warning A4057: Illegal size for operand
PROG1.ASM(20): error A2048: Must be index or base register
PROG1.ASM(31): warning A4031: Operand types must match
PROG1.ASM(35): error A2009: Symbol not defined: CONT1
PROG1.ASM(112): error A2009: Symbol not defined: SLEN

  51570 + 464974 Bytes symbol space free

      2 Warning Errors
      4 Severe  Errors

E:\MASM\ASMFILE>_
```

本例在确认目标文件名时，直接以回车作为回应，表示使用默认的目标文件名。汇编过程中检查出 2 个警告性错误和 4 个严重错误。由于存在严重错误，所以不会产生目标文件。错误信息格式说明如下：

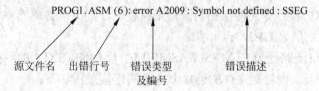

PROG1. ASM (6): error A2009 : Symbol not defined : SSEG

源文件名　出错行号　错误类型　　　　错误描述
　　　　　　　　　及编号

需要强调的是，尽管警告性错误不影响目标文件的产生，但产生的目标文件通常是不可用的。这是因为，MASM 有时会自动删除出错的语句，有时又会自作主张地修改出错语句，这些都会造成程序逻辑发生不可预知的改变。因此，对汇编过程中发现的任何错误，都要一一纠正，不能放过一个。

汇编时还有可能出现一种比较特殊的情况：有时，源程序中出现了问题，但 MASM 只是给出一个提示信息，并不纳入错误范畴，且照例形成目标文件。例如下面的汇编过程：

```
E:\MASM\ASMFILE>masm prog1
Microsoft (R) Macro Assembler Version 5.00
Copyright (C) Microsoft Corp 1981-1985, 1987.  All rights reserved.

Object filename [prog1.OBJ]:
Source listing  [NUL.LST]:
Cross-reference [NUL.CRF]:
Open segments: CSEG

  51638 + 464906 Bytes symbol space free

    0 Warning Errors
    0 Severe  Errors

E:\MASM\ASMFILE>_
```

可以看到，MASM 给出了提示信息"Open segments: CSEG"，即"CSEG 为开放段"之意，说明 CSEG 段没有段定义结束语句，但 MASM 并未将此看作错误。一般来说，如果堆栈段或数据段为开放段，通常不会影响后面的连接过程和最终的程序运行，但如果是代码段为开放段，则后面的连接过程中将出现致命错误，且无法生成最后的可执行文件。因此，对这类汇编问题也不能忽视，同样要予以纠正。

如果源程序文件用的是标准扩展名.ASM，且对 Object filename、Source listing 和 Cross-reference 这三个文件都选择其默认选项，则可以采用下面的快速汇编命令：

[MASM.EXE 所在路径\]MASM [源程序文件所在路径\]源程序文件名；

源程序文件名后面的分号";"，可以起到自动以默认方式回应三个文件选择的作用。

A.5　对目标文件进行连接

源程序经过汇编产生目标文件后，还要用 LINK.EXE 对目标文件进行连接，才能最终生成可执行文件（标准扩展名为.EXE）。

LINK.EXE 的基本用法是在 DOS 命令提示符下输入以下命令：

[LINK.EXE 所在路径\]LINK [目标文件所在路径\]目标文件名[. 扩展名]

如果 LINK.EXE 和目标文件都在当前目录路径下，则可以省略其路径描述；如果目标文件扩展名为标准扩展名.OBJ，也可省略。

例如，设当前目录路径为 E:\MASM\ASMFILE，且 LINK.EXE 和目标文件 PROG1.OBJ 都在当前目录路径下，则目标文件的连接命令及其连接过程如下：

```
E:\MASM\ASMFILE>LINK PROG1

Microsoft (R) Overlay Linker  Version 3.60
Copyright (C) Microsoft Corp 1983-1987.  All rights reserved.

Run File [PROG1.EXE]: PROG1.EXE
List File [NUL.MAP]:
Libraries [.LIB]:

E:\MASM\ASMFILE>
```

　　输入 LINK 命令（注意所做的省略）后，进入连接过程。在此，也要求先输入三个文件名：Run File、List File 和 Libraries。其中，Run File 就是连接所产生的可执行文件名，这是必须确定的。不过，LINK 也在方括号（[ ]）内给出了默认的可执行文件名（文件名与目标文件名相同，扩展名为标准的.EXE，本例中为 PROG1.EXE），如果确认以此为最终的可执行文件名，则不必再输入，直接按回车键回应即可。List File 一般没必要生成，可直接按回车键回应（表示采用默认选项，即不生成 List File）。Libraries 是连接时需要跟目标文件进行连接的库文件，一般在对高级语言程序的目标文件连接时会用到，而汇编语言一般很少建立库文件，因此，如无须要连接的库文件，则直接按回车键即可。

　　连接过程中也有可能出现警告（Warning）或致命错误（Fatal Error）。若无错误出现，或仅有警告，则会产生可执行文件（上例无警告也无错误，可顺利产生可执行文件 PROG1.EXE）；如有致命错误出现，则不会产生可执行文件。

　　下例为有警告和致命错误出现的连接过程：

```
E:\MASM\ASMFILE>LINK PROG1

Microsoft (R) Overlay Linker  Version 3.60
Copyright (C) Microsoft Corp 1983-1987.  All rights reserved.

Run File [PROG1.EXE]:
List File [NUL.MAP]:
Libraries [.LIB]:
LINK : warning L4021: no stack segment
PROG1.OBJ(prog1.ASM) : fatal error L1103: attempt to access data outside segment
 bounds
 pos: 9F Record type: 8A

E:\MASM\ASMFILE>_
```

其中，前一条为警告信息，表示程序中未定义堆栈段（no stack segment）；如程序中确实不需要堆栈，则不必进行处理。后一条为致命错误信息，其意为"试图越过段界访问数据"，这实际上是由开放的代码段（即代码段没有段定义结束语句）引起的（见 A.4 中的相关说明）。

　　源程序顺利地通过汇编和连接后，即产生对应的可执行文件，可在 DOS 命令提示符下按以下方式执行：

　　　　　　　　[可执行文件所在路径\]可执行文件名 [参数表]

调试软件 DEBUG.EXE 的使用

程序调试是排除程序中的功能性、逻辑性错误，保证程序正常实现预期功能的重要工作。调试程序有人工调试和借助调试软件调试两种手段。

调试程序时，首先应该采用人工调试法，通过对程序产生的错误进行分析，判断错误可能出现的位置，然后仔细阅读程序，以期找出并纠正错误。对有经验的程序设计者而言，人工调试目的性更强，效率更高，通过人工调试应该能够排除程序中出现的大部分错误。但有时，一些错误很难仅凭人工找出其原因并确定其位置，这时，就需要借助专门的调试软件了。

调试软件并不能自动进行程序调试，它只是提供了一个调试程序的环境以及一些调试手段。DEBUG.EXE 就是 DOS 环境下常用的一个调试软件，特别适合用于对由汇编语言生成的可执行程序的调试。

B.1 DEBUG 的启动及其工作环境

DEBUG 的调试对象是可执行文件。DEBUG.EXE 在 DOS 的命令提示符下执行（对 x64 系统，需启动 DOS 模拟器，进入模拟 DOS 环境），命令格式如下：

[DEBUG. EXE 所在路径\]DEBUG [可执行文件所在路径\]可执行文件名. 扩展名

如果有关文件在当前目录路径下，则可以省略其文件路径描述。

例如，设当前目录路径为 E:\MASM\ASMFILE，且 DEBUG.EXE 和需调试的可执行文件 PROG1.EXE 均在当前目录路径下，则输入以下命令即可进入调试环境：

```
E:\MASM\ASMFILE>DEBUG PROG1.EXE
-
```

进入调试环境后，显示 DEBUG 的命令提示符 "-"，光标停留在其右侧，等待输入 DEBUG 命令。

因为在源程序中所写的那些伪指令语句只在源程序的汇编过程中起作用，所以，在经过汇编、连接所形成的可执行文件中，只有指令语句，不再有伪指令语句。DEBUG 调试的是可执行文件，因此，在 DEBUG 环境中只能看到程序的指令语句。而且，指令中的段名、变量名、指令标号、过程名等都已被转换为具体的地址；指令中所用的替代符，也都被置换为其所代表的值；所用的宏指令也都已展开。此外，在 DEBUG 工作环境中，数据、地址以及指令的机器代码等都是以十六进制显示的。

　　DEBUG 环境提供了各种程序调试手段，如可以查看程序指令，可以用各种方式执行程序指令，可以随时查看寄存器和内存中的信息，甚至可以直接修改指令代码以改变程序的执行结果，等等，这些操作都可通过 DEBUG 的调试命令实现。

B.2　DEBUG 的调试命令

　　DEBUG 的调试命令都是用单个英文字母（不区分大小写）来表示的，可以带相应的参数。其命令的一般格式是：

　　　　　　命令符[参数]

参数为可选项。下面介绍几个常用的 DEBUG 调试命令。

1. 查看和修改寄存器内容命令

命令格式：R[reg]

参数 reg 为寄存器名。

该命令有以下两种用法。

1）不带 reg 参数

此时，将列出所有寄存器（包括标志寄存器）当前所存的内容，并显示当前 CS:IP 所指向的指令（即下一条将要执行的指令）。命令执行及显示格式如下：

```
E:\MASM\ASMFILE>DEBUG PROG1.EXE
-R
AX=FFFF  BX=0000  CX=005A  DX=0000  SP=0020  BP=0000  SI=0000  DI=0000
DS=075A  ES=075A  SS=076A  CS=076D  IP=0000    NV UP EI PL NZ NA PO NC
076D:0000 B86C07        MOV        AX,076C
-_
```

　　下面对 R 命令的显示内容进行说明。

　　（1）如果在一进入调试环境后就执行 R 命令（如上所示），则此时显示的 DS 和 ES 的内容并非实际的数据段和附加段的段地址（因为此时还未将实际的段地址装入这两个段寄存器），而是所谓的 PSP（程序段前缀）的段地址。此外，如果源程序在定义堆栈段时用了 STACK 组合类型，则显示的 SS 和 SP 的内容就是实际的堆栈段段地址和栈顶位置，否则也不是实际的内容。但是，CS 和 IP 一定是实际的内容，这是由系统自动设置的。其他寄存器的初始内容，不必关心。

　　（2）第二行右侧（IP 寄存器以右）显示的是标志寄存器的内容，各标志位的排列次序是

OF DF IF SF ZF AF PF CF

标志的状态（0 或 1）是用符号表示的，定义如下：

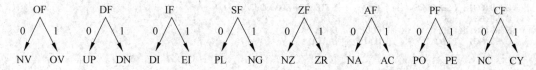

（3）显示内容的第三行是当前 CS:IP 所指向的指令（即下一条将要执行的指令）信息，说明如下：

076D:0000 B86C07   MOV   AX,076C

指令地址   指令机器码   汇编指令格式

需要注意的是，所显示的汇编指令是由 DEBUG 从指令机器码还原（也称反汇编）而来，其中的段名、变量名、指令标号、过程名等，都已被转换为具体的地址，所用的替代符也都被置换为其所代表的值。本例中的源操作数 076C，在源程序中实际上是数据段段名，在此已被转换为实际的数据段段地址 076C。

2）带 reg 参数

带 reg 参数的 R 命令显示指定寄存器当前的内容，并允许直接修改该寄存器的内容。命令执行及显示格式如下：

```
E:\MASM\ASMFILE>DEBUG PROG1.EXE
-RCX
CX 005A
:_
```

命令 RCX 显示出 CX 寄存器当前的内容 005A，然后在下一行（冒号:之后）等待从键盘输入 CX 的新内容，新内容输入后按回车键结束操作。若不修改寄存器的内容，则直接按回车键即可。所有寄存器（包括标志寄存器，用字母 F 表示）均可通过此命令显示并修改其内容。

2. 反汇编命令

命令格式：U[addr1 [addr2]]

反汇编命令的作用是将程序的机器代码以汇编语言指令的形式显示出来，但不执行程序指令。该命令有以下几种用法。

1）不带参数

不带参数的 U 命令从当前指令地址（CS:IP）开始，对连续 32 个字节的代码段内容进行反汇编，并以汇编语言指令形式列出这段内容。命令执行及显示格式如下：

```
E:\MASM\ASMFILE>DEBUG PROG1.EXE
-R
AX=FFFF  BX=0000  CX=005A  DX=0000  SP=0020  BP=0000  SI=0000  DI=0000
DS=075A  ES=075A  SS=076A  CS=076D  IP=0000   NV UP EI PL NZ NA PO NC
076D:0000 B86C07        MOV     AX,076C
-U
076D:0000 B86C07        MOV     AX,076C
076D:0003 8ED8          MOV     DS,AX
076D:0005 8D360000      LEA     SI,[0000]
076D:0009 B90C00        MOV     CX,000C
076D:000C 33C0          XOR     AX,AX
076D:000E 0204          ADD     AL,[SI]
076D:0010 80D400        ADC     AH,00
076D:0013 803C3C        CMP     BYTE PTR [SI],3C
076D:0016 7304          JNB     001C
076D:0018 FE060D00      INC     BYTE PTR [000D]
076D:001C 46            INC     SI
076D:001D E2EF          LOOP    000E
076D:001F B30C          MOV     BL,0C
-_
```

　　上面所显示的操作中，先用 R 命令显示了当前各寄存器的内容及下一条将要执行的指令，可以看到 CS:IP=076D:0000；接着执行的 U 命令即从地址 076D:0000 开始，对连续 32 个字节的代码段内容进行反汇编，并以汇编语言指令形式列出了这段内容（即 PROG1.EXE 程序从第一条指令开始的一段代码）。由于 U 命令一次只能对 32 字节的代码进行反汇编，可能无法一次完成整个程序的反汇编，如果需要对程序后续代码继续反汇编，可以连续执行 U 命令来完成。连续执行 U 命令时，地址将自动衔接。下面是继续执行 U 命令，将 PROG1.EXE 程序的后续代码反汇编的操作结果显示。

```
-U
076D:0021 F6F3          DIV     BL
076D:0023 A20C00        MOV     [000C],AL
076D:0026 B44C          MOV     AH,4C
076D:0028 CD21          INT     21
076D:002A 0000          ADD     [BX+SI],AL
076D:002C 0000          ADD     [BX+SI],AL
076D:002E 0000          ADD     [BX+SI],AL
076D:0030 0000          ADD     [BX+SI],AL
076D:0032 0000          ADD     [BX+SI],AL
076D:0034 0000          ADD     [BX+SI],AL
076D:0036 0000          ADD     [BX+SI],AL
076D:0038 0000          ADD     [BX+SI],AL
076D:003A 0000          ADD     [BX+SI],AL
076D:003C 0000          ADD     [BX+SI],AL
076D:003E 0000          ADD     [BX+SI],AL
076D:0040 0000          ADD     [BX+SI],AL
-
```

　　由于 U 命令不能自动识别程序的结束位置，所以，使用 U 命令时，必须注意观察程序的结束指令（即 "MOV AH,4C" 和 "INT 21"），以免误读程序。例如，上面显示的反汇编结果中，横线以上是当前被调试程序 PROG1.EXE 的代码，而下方显示的内容则与当前程序无关。

　　此外，反汇编所显示的汇编指令中，不再出现变量名、指令标号等，而代之以实际的变量地址和指令地址。如上面显示的指令 "MOV [000C],AL" 中，目的操作数原为一变量名，现以该变量在数据段内的实际偏移地址[000C]表示；又如指令 "JNB 001C" 中，其操作数原为一指令标号，现以该指令的实际偏移地址 001C（对应的指令为 "INC SI"）表示。

　　2）带 addr1 参数

　　参数 addr1 用于指定反汇编的起始指令地址，U 命令将从该地址开始，对 32 字节的程序代码进行反汇编。若对当前代码段中的程序代码进行反汇编，则 addr1 只需给出指令的偏移地址即可。例如：

```
E:\MASM\ASMFILE>DEBUG PROG1.EXE
-R
AX=FFFF  BX=0000  CX=005A  DX=0000  SP=0020  BP=0000  SI=0000  DI=0000
DS=075A  ES=075A  SS=076A  CS=076D  IP=0000   NV UP EI PL NZ NA PO NC
076D:0000 B86C07        MOV     AX,076C
-U0005
076D:0005 8D360000      LEA     SI,[0000]
076D:0009 B90C00        MOV     CX,000C
076D:000C 33C0          XOR     AX,AX
076D:000E 0204          ADD     AL,[SI]
076D:0010 80D400        ADC     AH,00
076D:0013 803C3C        CMP     BYTE PTR [SI],3C
076D:0016 7304          JNB     001C
076D:0018 FE060D00      INC     BYTE PTR [000D]
076D:001C 46            INC     SI
076D:001D E2EF          LOOP    000E
076D:001F B30C          MOV     BL,0C
076D:0021 F6F3          DIV     BL
076D:0023 A20C00        MOV     [000C],AL
-
```

在指定参数 addr1 时要注意，addr1 必须是某条指令的首地址，否则在反汇编时会出现错误。

3）带 addr1 和 addr2 参数

addr1 和 addr2 构成一个地址范围，U 命令将对此地址范围内的程序代码进行反汇编。例如：

```
-U000E 001D
076D:000E 0204          ADD     AL,[SI]
076D:0010 80D400        ADC     AH,00
076D:0013 803C3C        CMP     BYTE PTR [SI],3C
076D:0016 7304          JNB     001C
076D:0018 FE060D00      INC     BYTE PTR [000D]
076D:001C 46            INC     SI
076D:001D E2EF          LOOP    000E
-
```

addr2 不一定是一条指令的结束地址，U 命令会自动把 addr2 所在的那条指令作为最后一条指令完整反汇编出来。

3. 追踪命令

命令格式：T[=addr][n]

追踪命令用于执行一条或多条指令，每执行完一条指令后，都会以 R 命令的方式显示当前各寄存器的内容，以便对程序指令的执行结果进行追踪。该命令有以下几种用法。

1）不带参数

不带参数的 T 命令仅执行当前 CS:IP 指向的一条指令。例如：

```
E:\MASM\ASMFILE>DEBUG PROG1.EXE
-R
AX=FFFF  BX=0000  CX=005A  DX=0000  SP=0020  BP=0000  SI=0000  DI=0000
DS=075A  ES=075A  SS=076A  CS=076D  IP=0000   NV UP EI PL NZ NA PO NC
076D:0000 B86C07        MOV     AX,076C
-T

AX=076C  BX=0000  CX=005A  DX=0000  SP=0020  BP=0000  SI=0000  DI=0000
DS=075A  ES=075A  SS=076A  CS=076D  IP=0003   NV UP EI PL NZ NA PO NC
076D:0003 8ED8          MOV     DS,AX
-T

AX=076C  BX=0000  CX=005A  DX=0000  SP=0020  BP=0000  SI=0000  DI=0000
DS=076C  ES=075A  SS=076A  CS=076D  IP=0005   NV UP EI PL NZ NA PO NC
076D:0005 8D360000      LEA     SI,[0000]                   DS:0000=564E
-
```

上例中，先用 R 命令显示出了当前 CS:IP 指向的指令"MOV AX,076C"，随后输入的 T 命令执行"MOV AX,076C"指令，并显示指令执行后各寄存器的内容。可以看到，AX 寄存器的内容已变为 076C，而 CS:IP 变为 076D:0003，指向指令"MOV DS,AX"。接着输入的 T 命令执行指令"MOV DS,AX"，可以看到，指令执行后，DS 的内容变为 076C，而 CS:IP 变为 076D:0005，指向指令"LEA SI,[0000]"。

使用 T 命令可以一步一步追踪程序的执行，了解每条指令执行后产生的结果，从而发现程序中存在的问题。

注意： 不要用 T 命令去执行系统中断调用指令（如"INT 21H""INT 10H"等）。因为那样会陷入系统程序中，难以正常完成程序执行。

2）带=addr 参数

用 addr 指定一条指令的首地址，使 T 命令直接执行该地址处的一条指令。如果 addr

是当前代码段内的指令地址，则只需描述其偏移地址即可。例如：

```
E:\MASM\ASMFILE>DEBUG PROG1.EXE
-R
AX=FFFF  BX=0000  CX=005A  DX=0000  SP=0020  BP=0000  SI=0000  DI=0000
DS=075A  ES=075A  SS=076A  CS=076D  IP=0000   NV UP EI PL NZ NA PO NC
076D:0000 B86C07        MOV     AX,076C
-U0000 0015
076D:0000 B86C07        MOV     AX,076C
076D:0003 8ED8          MOV     DS,AX
076D:0005 8D360000      LEA     SI,[0000]
076D:0009 B90C00        MOV     CX,000C
076D:000C 33C0          XOR     AX,AX
076D:000E 0204          ADD     AL,[SI]
076D:0010 80D400        ADC     AH,00
076D:0013 803C3C        CMP     BYTE PTR [SI],3C
-T=000E

AX=FFCC  BX=0000  CX=005A  DX=0000  SP=0020  BP=0000  SI=0000  DI=0000
DS=075A  ES=075A  SS=076A  CS=076D  IP=0010   NV UP EI NG NZ AC PE CY
076D:0010 80D400        ADC     AH,00
-
```

其中的 T=000E 命令执行了地址为 076D:000E 处的一条指令 "ADD AL,[SI]"，使 AL 寄存器的内容从原来的 FF（见 R 命令执行后的显示），变为 CC。

　　需要注意的是，T=addr 命令直接跳到 addr 处执行一条指令，通常会破坏程序的正常执行逻辑，所得到的执行结果通常不能反映程序的实际执行情况。例如前面的例子中，跳到指令 "ADD AL,[SI]" 处执行时，数据段的实际段地址（076C）尚未设置，DS 中是 PSP 的段地址（075A），所以，指令执行的结果完全不能反映程序的实际执行情况。

　　3）带 n 参数

　　n 参数（十六进制）指定本次 T 命令所执行的指令条数，且每条指令执行后，均显示当前寄存器的内容。例如：

```
E:\MASM\ASMFILE>DEBUG PROG1.EXE
-U0000 0010
076D:0000 B86C07        MOV     AX,076C
076D:0003 8ED8          MOV     DS,AX
076D:0005 8D360000      LEA     SI,[0000]
076D:0009 B90C00        MOV     CX,000C
076D:000C 33C0          XOR     AX,AX
076D:000E 0204          ADD     AL,[SI]
076D:0010 80D400        ADC     AH,00
-T3

AX=076C  BX=0000  CX=005A  DX=0000  SP=0020  BP=0000  SI=0000  DI=0000
DS=075A  ES=075A  SS=076A  CS=076D  IP=0003   NV UP EI PL NZ NA PO NC
076D:0003 8ED8          MOV     DS,AX

AX=076C  BX=0000  CX=005A  DX=0000  SP=0020  BP=0000  SI=0000  DI=0000
DS=076C  ES=075A  SS=076A  CS=076D  IP=0005   NV UP EI PL NZ NA PO NC
076D:0005 8D360000      LEA     SI,[0000]                        DS:0000=564E

AX=076C  BX=0000  CX=005A  DX=0000  SP=0020  BP=0000  SI=0000  DI=0000
DS=076C  ES=075A  SS=076A  CS=076D  IP=0009   NV UP EI PL NZ NA PO NC
076D:0009 B90C00        MOV     CX,000C
-
```

其中的 T3 命令，连续执行了程序开始的三条指令（见前面 U 命令反汇编的指令序列）。

4）带=addr 参数和 n 参数

即从指定地址 addr 处开始，连续执行 n 条指令。两个参数之间要用空格隔开。

4. 过程命令

命令格式：P[=addr][n]

P 命令在格式上、用法上和功能上与 T 命令基本相同。不同之处是，P 命令在遇到子程序调用（CALL）指令、软中断（INT）指令、循环（LOOP）指令或带重复前缀的串操作指令时，会把被执行对象（即某个子程序、某个中断服务程序、某个循环或某个重复串操作）当作一个整体，一次性执行完，然后显示整体执行完后各个寄存器的当前值及下一条待执行的指令。

用 P 命令执行系统中断调用指令，不会陷入系统程序中。

5. 连续执行命令

命令格式：G[=addr][addr1 [addr2 […]]]

G 命令从当前 CS:IP 处或从指定的地址处开始连续执行所调试的程序，直到程序结束（或遇到预先设定的断点）才停止。该命令有以下几种用法。

1）不带参数

不带参数的 G 命令从当前 CS:IP 指向的指令开始，连续执行程序，直到程序结束。例如：

```
E:\MASM\ASMFILE>DEBUG PROG1.EXE
-R
AX=FFFF  BX=0000  CX=005A  DX=0000  SP=0020  BP=0000  SI=0000  DI=0000
DS=075A  ES=075A  SS=076A  CS=076D  IP=0000    NV UP EI PL NZ NA PO NC
076D:0000 B86C07        MOV     AX,076C
-T

AX=076C  BX=0000  CX=005A  DX=0000  SP=0020  BP=0000  SI=0000  DI=0000
DS=075A  ES=075A  SS=076A  CS=076D  IP=0003    NV UP EI PL NZ NA PO NC
076D:0003 8ED8          MOV     DS,AX
-T

AX=076C  BX=0000  CX=005A  DX=0000  SP=0020  BP=0000  SI=0000  DI=0000
DS=076C  ES=075A  SS=076A  CS=076D  IP=0005    NV UP EI PL NZ NA PO NC
076D:0005 8D360000      LEA     SI,[0000]                    DS:0000=564E
-G

Program terminated normally
-_
```

在用 T 命令执行了两条指令后，G 命令从 CS:IP=076D:0005 处开始，连续执行程序直到程序结束，并给出"Program terminated normally"（程序正常结束）的提示信息。

当用 G 命令执行完一个程序后，若要继续调试该程序，必须重新装入程序才行。

2）带=addr 参数

用 addr 指定一条指令的首地址，使 G 命令从该地址处的指令开始连续执行程序，直到程序结束。如果 addr 是当前代码段内的指令地址，则只需描述其偏移地址即可。

由于 G=addr 命令直接跳到 addr 处开始执行程序，通常会破坏程序的正常执行逻辑，所得到的执行结果通常不能反映程序的实际执行情况，甚至造成运行故障，需要谨慎使用。

3）带 addr1 [addr2 […]]参数

addr1，addr2 称为断点地址，是程序中某些指令的首地址。当 G 命令在执行程序的过程中到达所设置的任一个断点地址处时，就会暂停执行，并显示当前各寄存器的内容及下一条待执行的指令（即断点处的指令）。在一个 G 命令中设置多个断点地址的情况，通常只出现在多分支程序的调试中，即可以在程序的每个分支中设置一个断点，从而可以测知程序走的是哪个分支。如果断点在当前代码段内，则断点地址只需描述偏移地址即可。例如：

```
E:\MASM\ASMFILE>DEBUG PROG1.EXE
-U
076D:0000 B86C07        MOV     AX,076C
076D:0003 8ED8          MOV     DS,AX
076D:0005 8D360000      LEA     SI,[0000]
076D:0009 B90C00        MOV     CX,000C
076D:000C 33C0          XOR     AX,AX
076D:000E 0204          ADD     AL,[SI]
076D:0010 80D400        ADC     AH,00
076D:0013 803C3C        CMP     BYTE PTR [SI],3C
076D:0016 7304          JNB     001C
076D:0018 FE060D00      INC     BYTE PTR [000D]
076D:001C 46            INC     SI
076D:001D E2EF          LOOP    000E
076D:001F B30C          MOV     BL,0C
-G001F

AX=0338  BX=0000  CX=0000  DX=0000  SP=0020  BP=0000  SI=000C  DI=0000
DS=076C  ES=075A  SS=076A  CS=076D  IP=001F   NV UP EI PL NZ NA PE NC
076D:001F B30C          MOV     BL,0C
-
```

本例中，G001F 命令从当前地址 CS:IP=076D:0000（即程序入口地址）处开始执行程序，到指定的断点地址 001F（偏移地址）处停止执行，并显示出程序执行到此处时的寄存器内容和断点处的指令"MOV BL,0C"。

设置多个断点地址时，要以空格隔开。

4）带全部参数

即从指定地址 addr 处的指令开始连续执行程序，当遇到断点（或程序结束）时停止执行。各参数之间需以空格隔开。

6．内存显示命令

命令格式：D[addr]或[addr1 addr2]

D 命令用来显示一段内存区域当前所存的内容。在不设定显示的地址范围时，D 命令一次显示 128 个单元（字节）的内容，每行显示 16 个单元。该命令有以下几种用法。

1）不带参数

不带参数的 D 命令接着上一次 D 命令所显示的最后一个内存单元继续显示下去。若是第一次执行不带参数的 D 命令，则总是从当前 CS:0000（对.EXE 文件）或 CS:0100（对非.EXE 文件）处开始显示。例如：

```
E:\MASM\ASMFILE>DEBUG PROG1.EXE
-R
AX=FFFF  BX=0000  CX=005A  DX=0000  SP=0020  BP=0000  SI=0000  DI=0000
DS=075A  ES=075A  SS=076A  CS=076D  IP=0000   NV UP EI PL NZ NA PO NC
076D:0000 B86C07          MOV     AX,076C
-D
076D:0000  B8 6C 07 8E D8 8D 36 00-00 B9 0C 00 33 C0 02 04   .l...6...3...
076D:0010  80 D4 00 80 3C 3C 73 04-FE 06 0D 00 46 E2 EF B3   ....<<s.....F...
076D:0020  0C F6 F3 A2 0C 00 B4 4C-CD 21 00 00 00 00 00 00   .......L.!......
076D:0030  00 00 00 00 00 00 00 00-00 00 00 00 00 00 00 00   ................
076D:0040  00 00 00 00 00 00 00 00-00 00 00 00 00 00 00 00   ................
076D:0050  00 00 00 00 00 00 00 00-00 00 00 00 00 00 00 00   ................
076D:0060  00 00 00 00 00 00 00 00-00 00 00 00 00 00 00 00   ................
076D:0070  00 00 00 00 00 00 00 00-00 00 00 00 00 00 00 00   ................
-D
076D:0080  00 00 00 00 00 00 00 00-00 00 00 00 00 00 00 00   ................
076D:0090  00 00 00 00 00 00 00 00-00 00 00 00 00 00 00 00   ................
076D:00A0  00 00 00 00 00 00 00 00-00 00 00 00 00 00 00 00   ................
076D:00B0  00 00 00 00 00 00 00 00-00 00 00 00 00 00 00 00   ................
076D:00C0  00 00 00 00 00 00 00 00-00 00 00 00 00 00 00 00   ................
076D:00D0  00 00 00 00 00 00 00 00-00 00 00 00 00 00 00 00   ................
076D:00E0  00 00 00 00 00 00 00 00-00 00 00 00 00 00 00 00   ................
076D:00F0  00 00 00 00 00 00 00 00-00 00 00 00 00 00 00 00   ................
-_
```

本例中，由于调试打开的是 .EXE 文件，所以，第一次执行 D 命令时，从
CS:0000=076D:0000 处开始显示 128 个内存单元内容（地址范围 076D:0000～076D:007F），
第二次执行 D 命令时，则紧接上一次，从 076D:0080 处开始显示。

D 命令每行显示 16 个单元（字节）的内容。显示的信息分为三个部分：最左边是每行
内存单元的首地址；中间区域是以及十六进制显示的内存单元内容，是显示的主体部分；
最右边的区域则将中间区域各单元的内容看作 ASCII 码，显示其对应的字符，若某单元的
内容对应的不是可显示字符的 ASCII 码，则用一个黑点（.）表示。

2）带 addr 参数

addr 参数用来指定 D 命令显示区域的首地址，D 命令将从该地址开始，连续显示 128
个单元的内容。

如果 addr 中的段地址是某个段寄存器的内容，可以用该段寄存器名表示；例如，
DS:0000 表示从当前数据段偏移地址 0000 处开始显示。如果本次 D 命令显示的内容与上
一次在同一段内，则 addr 只需指定本次开始显示的偏移地址即可。例如：

```
E:\MASM\ASMFILE>DEBUG PROG1.EXE
-R
AX=FFFF  BX=0000  CX=005A  DX=0000  SP=0020  BP=0000  SI=0000  DI=0000
DS=075A  ES=075A  SS=076A  CS=076D  IP=0000   NV UP EI PL NZ NA PO NC
076D:0000 B86C07          MOV     AX,076C
-T

AX=076C  BX=0000  CX=005A  DX=0000  SP=0020  BP=0000  SI=0000  DI=0000
DS=075A  ES=075A  SS=076A  CS=076D  IP=0003   NV UP EI PL NZ NA PO NC
076D:0003 8ED8            MOV     DS,AX
-T

AX=076C  BX=0000  CX=005A  DX=0000  SP=0020  BP=0000  SI=0000  DI=0000
DS=076C  ES=075A  SS=076A  CS=076D  IP=0005   NV UP EI PL NZ NA PO NC
076D:0005 8D360000        LEA     SI,[0000]                    DS:0000=564E
-DDS:0000
076C:0000  4E 56 5A 14 38 2F 52 5B-49 41 30 58 00 00 00 00   NVZ.8/R[IA0X....
076C:0010  B8 6C 07 8E D8 8D 36 00-00 B9 0C 00 33 C0 02 04   .l...6...3...
076C:0020  80 D4 00 80 3C 3C 73 04-FE 06 0D 00 46 E2 EF B3   ....<<s.....F...
076C:0030  0C F6 F3 A2 0C 00 B4 4C-CD 21 00 00 00 00 00 00   .......L.!......
076C:0040  00 00 00 00 00 00 00 00-00 00 00 00 00 00 00 00   ................
076C:0050  00 00 00 00 00 00 00 00-00 00 00 00 00 00 00 00   ................
076C:0060  00 00 00 00 00 00 00 00-00 00 00 00 00 00 00 00   ................
076C:0070  00 00 00 00 00 00 00 00-00 00 00 00 00 00 00 00   ................
-_
```

本例中，先用 T 命令执行了两条指令后，DS 寄存器的内容被置为 076C，之后执行的 DDS:0000 命令即从 076C:0000 处开始显示 128 个单元的内容。

在实际调试过程中，D 命令主要用于显示数据段和堆栈段的内容，以便跟踪其内容的变化，及时发现程序执行中的问题。本例中调试的程序 PROG1.EXE，其数据段定义是

```
dseg segment
  cj db 78,86,90,20,56,47,82,91,73,65,48,88
 n=$-cj
 pjf db ?
 bjg db 0
dseg ends
```

由此可知，DDS:0000 命令显示的内容中，地址 076C:0000～076C:000B 是字节数组 cj 的内容，地址 076C:000C 是分配给字节变量 pjf 的单元，地址 076C:000D 是分配给字节变量 bjg 的单元（且已预置初值为 0）。在程序调试执行的过程中，可以随时用 D 命令查看数据段内容的变化，以及时了解数据处理的结果是否正确。

3）带 addr1 addr2 参数

addr1 和 addr2 设置了一个地址范围（addr1 是首地址，addr2 是末地址），D 命令将显示此范围内的存储单元内容（不限于 128 个单元）。addr1 中可以描述段地址，但 addr2 中只能描述偏移地址，以此保证 addr2 与 addr1 在同一段内。如果本次 D 命令显示的内容与上次同属一个段，则地址中不需描述段地址。例如：

```
-T

AX=076C  BX=0000  CX=005A  DX=0000  SP=0020  BP=0000  SI=0000  DI=0000
DS=076C  ES=075A  SS=076A  CS=076D  IP=0005   NV UP EI PL NZ NA PO NC
076D:0005 8D360000       LEA    SI,[0000]                    DS:0000=564E
-DDS:0000 0100
076C:0000  4E 56 5A 14 38 2F 52 5B-49 41 30 58 00 00 00 00   NVZ.8/R[IA0X....
076C:0010  B8 6C 07 8E D8 8D 36 00-00 B9 0C 00 33 C0 02 04   .l....6.....3...
076C:0020  80 D4 00 80 3C 3C 73 04-FE 06 0D 00 46 E2 EF B3   ....<<s.....F...
076C:0030  0C F6 F3 A2 0C 00 B4 4C-CD 21 00 00 00 00 00 00   .......L.!......
076C:0040  00 00 00 00 00 00 00 00-00 00 00 00 00 00 00 00   ................
076C:0050  00 00 00 00 00 00 00 00-00 00 00 00 00 00 00 00   ................
076C:0060  00 00 00 00 00 00 00 00-00 00 00 00 00 00 00 00   ................
076C:0070  00 00 00 00 00 00 00 00-00 00 00 00 00 00 00 00   ................
076C:0080  00 00 00 00 00 00 00 00-00 00 00 00 00 00 00 00   ................
076C:0090  00 00 00 00 00 00 00 00-00 00 00 00 00 00 00 00   ................
076C:00A0  00 00 00 00 00 00 00 00-00 00 00 00 00 00 00 00   ................
076C:00B0  00 00 00 00 00 00 00 00-00 00 00 00 00 00 00 00   ................
076C:00C0  00 00 00 00 00 00 00 00-00 00 00 00 00 00 00 00   ................
076C:00D0  00 00 00 00 00 00 00 00-00 00 00 00 00 00 00 00   ................
076C:00E0  00 00 00 00 00 00 00 00-00 00 00 00 00 00 00 00   ................
076C:00F0  00 00 00 00 00 00 00 00-00 00 00 00 00 00 00 00   ................
076C:0100  00                                                .
-
```

7．汇编命令

命令格式：A[addr]

用 A 命令，可以直接以汇编语言指令格式输入指令，并自动将指令汇编为机器指令代码存入内存。一个 A 命令可以连续输入和汇编多条指令，每条指令以回车键结束。要退出 A 命令，只需在新的输入行上直接按回车键即可。

用 A 命令输入汇编语言指令时，必须符合 DEBUG 的格式规定，即用 U 命令反汇编所显示的汇编语言指令格式。下面着重强调几点：

（1）指令中的常数均须表示为十六进制，且不能加 H 标志。

（2）指令中不能出现任何自定义的符号，如变量名、常量符号、指令标号、段名、过程名、宏名等。

（3）指令中的各种前缀，如段前缀（DS:, ES:, SS:, CS:）、重复前缀（REP, REPZ, REPNZ）等，必须置于指令的最前面（即指令操作助记符前）；也可以将前缀单独作为一行，先于指令主体输入。

（4）JMP 指令和 CALL 指令中可以用 NEAR 和 FAR 指出转移距离。

（5）指令中可以用 BYTE PTR（或 BYTE)和 WORD PTR(或 WORD）说明存储器操作数类型。

（6）只能用 DB 和 DW 进行数据定义，但前面不能有任何标识符（如变量名、数组名等）。

如果用 A 命令输入的汇编语言指令有错，则会在出错处显示^error，且不对出错指令进行汇编和保存。

A 命令可带参数 addr，用来指定指令机器码在内存中存放的开始地址。若不带 addr 参数，则第一次使用 A 命令时，自动指定指令机器码存放的开始地址为 CS:0100（执行 DEBUG 时未指定被调试文件，或指定了非.EXE 文件）或 CS:0000（执行 DEBUG 时指定了.EXE 文件）。若非首次使用，则不带 addr 参数的 A 命令将自动接着上一次 A 命令所使用的最后一个内存单元继续存放指令机器码。

下面是 A 命令的使用范例。

```
E:\MASM\ASMFILE>DEBUG
-R
AX=0000  BX=0000  CX=0000  DX=0000  SP=00FD  BP=0000  SI=0000  DI=0000
DS=073F  ES=073F  SS=073F  CS=073F  IP=0100    NV UP EI PL NZ NA PO NC
073F:0100 0000          ADD     [BX+SI],AL                    DS:0000=CD
-A
073F:0100 DB 47,35,0
073F:0103 CS:MOV AL,[0100]
073F:0107 CS:ADD AL,[0101]
073F:010C CS:MOV [0102],AL
073F:0110
-U0103 010F
073F:0103 2E            CS:
073F:0104 A00001        MOV     AL,[0100]
073F:0107 2E            CS:
073F:0108 02060101      ADD     AL,[0101]
073F:010C 2E            CS:
073F:010D A20201        MOV     [0102],AL
-_
```

本例中，DEBUG 未指定被调试文件，第一次执行不带 addr 参数的 A 命令，从 CS:0100（即 073F:0100）处开始汇编。其中，DB 语句定义了三个字节类型数据，后三个语句都使用了 CS:段前缀。接着执行的 U 命令，将前面汇编的指令语句进行反汇编。可以看到，前缀在指令主体之前单独显示一行。

用 A 命令输入汇编的指令语句，可以用 T、P 或 G 命令执行之。

8．内存单元编辑命令

命令格式：E addr [list]

E 命令可用来编辑修改指定地址 addr 处的一个或连续多个内存单元的内容。

不带 list 参数的 E 命令一次显示一个内存单元的内容，并等待从键盘为其输入新的内容；连续编辑多个内存单元内容时，用空格键进入下一单元；若不修改当前单元的内容，可直接按空格键进入下一单元。若要退回到前面经过的某个单元，可按减号键（−）回退。按回车键则退出 E 命令的执行。

参数 list 是一个数据表，其中的数据叫用十六进制数（一到两位）或字符串形式表示，各数据之间用空格隔开。带 list 的 E 命令将从指定地址 addr 开始，自动用表中的数据逐一修改地址连续的多个内存单元的内容。

下面是 E 命令的使用范例。

```
E:\MASM\ASMFILE>DEBUG
-ACS:0200
073F:0200 DB "it's 2 years old."
073F:0211
-DCS:0200 020F
073F:0200   69 74 27 73 20 32 20 79-65 61 72 73 20 6F 6C 64    it's 2 years old
-E CS:0200
073F:0200 69.49   74.   27.   73.   20.   32.33

-DCS:0200 020F
073F:0200   49 74 27 73 20 33 20 79-65 61 72 73 20 6F 6C 64    It's 3 years old
-E CS:0300 "I have " 35 " books."
-DCS:0300 030F
073F:0300   49 20 68 61 76 65 20 35-20 62 6F 6F 6B 73 2E 00    I have 5 books..
-_
```

本例中，首先由 A 命令定义了一个字符串"it's 2 years old."，并用 D 命令显示了该字符串在内存中存放的情况，接着用 E 命令将该字符串的首字符从 i（ASCII 码 69H）改为 I（ASCII 码 49H），之后 4 个字符不做修改（直接按空格键跳过），然后，再将数字符 2（ASCII 码 32H）改为 3（ASCII 码 33H），最后按回车键结束本次 E 命令。紧接着执行的 D 命令，显示了经过编辑修改后的字符串内容"It's 3 years old."。第二个 E 命令带 list 参数，参数内容为："I have" 35 " books."。命令执行后，对内存从地址 CS:0300=073F:0300 开始的连续 15 个单元的内容做了修改，修改结果由下面的 D 命令显示出来。

9．指定和装入文件命令

指定文件命令格式：N[文件路径]文件名[. 扩展名]

装入文件命令格式：L[addr]

N 命令用于指定一个被调试文件，但并不能将文件装入内存。文件装入需要使用 L 命令。如果在进入 DEBUG 时未指定被调试文件，则需要用 N 命令来指定，再用 L 命令装入。

使用 N 命令时，如果指定的文件就在当前目录下，可以省略文件路径；如果文件有扩展名，则必须包含扩展名。

使用 L 命令时，如果不带 addr 参数，则自动将.EXE 文件装入起始地址为 CS:0000 的存储区域，而将其他类型文件装入起始地址为 CS:0100 的存储区域。如果使用 addr 参数，则将文件装入起始地址为 addr 的存储区域。

下面是 N 命令和 L 命令的使用范例。

```
E:\MASM\ASMFILE>DEBUG
-N PROG1.EXE
-L
-R
AX=FFFF  BX=0000  CX=005A  DX=0000  SP=0020  BP=0000  SI=0000  DI=0000
DS=075A  ES=075A  SS=076A  CS=076D  IP=0000    NV UP EI PL NZ NA PO NC
076D:0000 B86C07        MOV     AX,076C
-U
076D:0000 B86C07        MOV     AX,076C
076D:0003 8ED8          MOV     DS,AX
076D:0005 8D360000      LEA     SI,[0000]
076D:0009 B90C00        MOV     CX,000C
076D:000C 33C0          XOR     AX,AX
076D:000E 0204          ADD     AL,[SI]
076D:0010 80D400        ADC     AH,00
076D:0013 803C3C        CMP     BYTE PTR [SI],3C
076D:0016 7304          JNB     001C
076D:0018 FE060D00      INC     BYTE PTR [000D]
076D:001C 46            INC     SI
076D:001D E2EF          LOOP    000E
076D:001F B30C          MOV     BL,0C
-_
```

本例在进入 DEBUG 时未指定被调试文件名，进入后，用 N 命令指定 PROG1.EXE 为被调试文件，然后再用 L 命令装入内存。

参 考 文 献

[1] 王永山，等. 微型计算机原理与应用——以 IBM-PC 系列机为例[M]. 西安：西安电子科技大学出版社，1991.

[2] 沈美明，温冬婵. IBM-PC 汇编语言程序设计[M]. 2 版. 北京：清华大学出版社，2001.

[3] 求伯君. 深入 DOS 编程[M]. 北京：北京大学出版社，1993.

[4] 刘乐善，等. 微型计算机接口技术及应用[M]. 武汉：华中科技大学出版社，2000.

[5] 陆遥. 计算机组成原理[M]. 2 版. 北京：清华大学出版社，2015.

图书资源支持

感谢您一直以来对清华版图书的支持和爱护。为了配合本书的使用，本书提供配套的资源，有需求的读者请扫描下方的"书圈"微信公众号二维码，在图书专区下载，也可以拨打电话或发送电子邮件咨询。

如果您在使用本书的过程中遇到了什么问题，或者有相关图书出版计划，也请您发邮件告诉我们，以便我们更好地为您服务。

我们的联系方式：

地　　址：北京海淀区双清路学研大厦 A 座 707

邮　　编：100084

电　　话：010－62770175－4604

资源下载：http://www.tup.com.cn

电子邮件：weijj@tup.tsinghua.edu.cn

QQ：883604(请写明您的单位和姓名)

用微信扫一扫右边的二维码，即可关注清华大学出版社公众号"书圈"。

资源下载、样书申请

书圈